Introducción

Inteligencia Artificial: El futuro Ya Está Aquí
Por Louis Salvatore

Vivimos en una época en la que la inteligencia artificial ha pasado de ser una promesa de ciencia ficción a una realidad que afecta todos los aspectos de nuestras vidas. Desde la medicina hasta la agricultura, la industria y el comercio, la IA está moldeando la manera en que trabajamos, interactuamos y solucionamos problemas complejos. Este libro ofrece un recorrido a través de los diversos sectores en los que la IA está revolucionando procesos, aportando soluciones innovadoras y planteando nuevos desafíos éticos.

En estas páginas, explicaremos de manera detallada cómo la IA está siendo utilizada en áreas fundamentales, mejorando la eficiencia, promoviendo la sostenibilidad y redefiniendo la experiencia del cliente y la seguridad. Cada capítulo proporciona un análisis profundo de las aplicaciones prácticas de la IA, junto con ejemplos que ilustran su impacto real. Además, abordaremos los dilemas éticos y los obstáculos que enfrentamos para asegurar que la inteligencia artificial se desarrolle de manera responsable y equitativa.

Este libro no solo es una guía para entender el estado actual de la inteligencia artificial, sino una invitación a reflexionar sobre el futuro y a prepararnos para un mundo cada vez más impulsado por esta tecnología.

Bienvenidos a un viaje por el mundo de la inteligencia artificial, donde exploramos sus límites, sus posibilidades y cómo está configurando el futuro.

Capítulo 1: Introducción a la Inteligencia Artificial

1.1 ¿Qué es la Inteligencia Artificial?

La inteligencia artificial, o IA, es una rama de la informática que se centra en crear sistemas capaces de realizar tareas que requieran inteligencia humana. Esto incluye actividades como aprender de experiencias, reconocer patrones, resolver problemas, y hasta tomar decisiones. Aunque el término "inteligencia artificial" suene futurista, muchos de nosotros ya interactuamos con IA todos los días a través de asistentes virtuales, sistemas de recomendación de plataformas de streaming, o los algoritmos que organizan el contenido en redes sociales.

La IA se basa en algoritmos que le permiten "aprender" de grandes cantidades de datos. Este proceso, conocido como **aprendizaje automático** o *machine Lear Ning*, es una de las bases de la IA moderna. Con el aprendizaje automático, un sistema puede mejorar en una tarea específica con el tiempo, como reconocer imágenes de gatos en fotos o predecir qué canción podríamos querer escuchar a continuación.

1.2 Historia y Evolución de la IA

Para entender mejor la inteligencia artificial, es útil mirar hacia atrás en la historia. La idea de construir máquinas inteligentes no es nueva; de hecho, filósofos de la antigua Grecia ya imaginaban la posibilidad de "autómatas" que pudieran realizar tareas humanas. Sin embargo, el término "inteligencia artificial" fue acuñado en 1956 por John McCarthy, durante una conferencia en Dartmouth College, donde expertos de diferentes campos se reunieron para explorar la idea de que las máquinas pudieran simular la inteligencia humana.

En sus primeros años, la IA se centró en resolver problemas lógicos y matemáticos. Estos primeros sistemas podían realizar cálculos complejos y resolver rompecabezas, pero estaban lejos de comprender o interactuar con el mundo de la forma en que lo hacen los seres humanos. Sin embargo, a medida que los avances tecnológicos progresaron, la IA también evolucionó, especialmente en las décadas de 1980 y 1990 con el surgimiento de redes neuronales y algoritmos más avanzados.

La llegada del aprendizaje profundo (*Deep Learning*)

En la última década, un enfoque llamado **aprendizaje profundo** ha llevado a la IA a nuevas alturas. El aprendizaje profundo utiliza redes neuronales profundas, que imitan vagamente la estructura del cerebro humano. Estas redes son capaces de procesar enormes cantidades de datos y "aprender" patrones complejos. Por ejemplo, pueden analizar millones de imágenes y aprender a reconocer objetos en fotos, o escuchar miles de horas de audio para comprender el lenguaje hablado.

Este avance en el aprendizaje profundo ha permitido a la IA realizar tareas que antes se consideraban imposibles para las máquinas, como conducir coches autónomos, diagnosticar enfermedades a partir de imágenes médicas, y traducir idiomas en tiempo real. Es aquí donde el potencial de la IA ha captado la atención de empresas, gobiernos, y del público en general.

1.3 Tipos de Inteligencia Artificial

Hoy en día, existen diferentes tipos de inteligencia artificial, clasificados en función de su capacidad para imitar la inteligencia humana. A continuación, se presentan los tipos más importantes:

1. **IA Débil (o Específica)**: La mayoría de las IA que utilizamos en nuestra vida diaria son ejemplos de IA débil. Esto significa que están diseñadas para realizar una tarea específica, como responder a preguntas (Siri o Alexa), recomendar productos (sistemas de recomendación en plataformas de compras y streaming) o diagnosticar enfermedades específicas. Estas YA no pueden realizar tareas fuera de su área de especialización, ya que no "comprenden" realmente el contexto más amplio en el que operan.
2. **IA Fuerte (o General)**: La IA fuerte, también conocida como inteligencia artificial general, representa un tipo

de inteligencia que no está limitada a tareas específicas. En teoría, una IA fuerte podría entender, aprender y realizar cualquier tarea cognitiva que un ser humano puede realizar. Este tipo de IA aún no existe, pero muchos investigadores están trabajando para desarrollarla. La IA fuerte plantea tanto oportunidades increíbles como retos éticos y de seguridad.
3. **Superinteligencia Artificial**: Este es el concepto de una IA que supera la inteligencia humana en todos los aspectos. La superinteligencia artificial es aún un tema de ciencia ficción y especulación, pero plantea interesantes debates sobre el futuro de la humanidad. Algunos expertos, como el físico Stephen Hawking y el empresario Elon Musk, han advertido sobre los riesgos de desarrollar una superinteligencia que podría volverse incontrolable.

1.4 ¿Cómo Funciona la Inteligencia Artificial?

Para entender cómo funciona la inteligencia artificial, es importante conocer los conceptos de **algoritmos** y **datos**. Los algoritmos son conjuntos de reglas o instrucciones que la IA sigue para tomar decisiones o realizar tareas. Pero los algoritmos necesitan datos para aprender. Cuantos más datos tengan, mejor podrán entender y realizar tareas específicas.

El proceso básico de funcionamiento de una IA suele incluir los siguientes pasos:

1. **Entrenamiento**: Durante esta fase, la IA aprende a partir de una gran cantidad de datos. Por ejemplo, un algoritmo de reconocimiento de imágenes es entrenado con millones de imágenes etiquetadas para

que pueda identificar patrones y aprender a reconocer objetos en nuevas imágenes.
2. **Validación y Ajuste**: Una vez entrenada, la IA se valida con un conjunto diferente de datos para asegurarse de que realiza las tareas con precisión. Durante esta etapa, los investigadores ajustan el modelo para mejorar su rendimiento.
3. **Implementación**: Finalmente, la IA se implementa en un entorno real, donde puede comenzar a trabajar y recibir nuevos datos. En esta etapa, la IA puede ajustarse continuamente y mejorar con el tiempo.

Aprendizaje Supervisado vs. No Supervisado

Existen varios métodos de aprendizaje en IA, entre los más comunes están el **aprendizaje supervisado** y el **aprendizaje no supervisado**:

- **Aprendizaje supervisado**: En este método, los algoritmos son entrenados con datos etiquetados. Esto significa que cada dato de entrada tiene una etiqueta de salida que le indica al algoritmo cuál debería ser el resultado. Este tipo de aprendizaje es común en tareas como la clasificación de correos electrónicos como spam o no spam donde la IA aprende con ejemplos.
- **Aprendizaje no supervisado**: En este enfoque, los datos no están etiquetados, por lo que el algoritmo debe identificar patrones y relaciones sin ayuda humana. El aprendizaje no supervisado es común en la segmentación de clientes en marketing, donde los algoritmos analizan grandes conjuntos de datos para encontrar grupos con características similares.

Aprendizaje Reforzado

Otro método clave en la IA es el **aprendizaje por refuerzo**, donde la IA aprende a través de la prueba y el error. En este enfoque, el algoritmo realiza acciones y recibe recompensas o castigos en función de sus decisiones. Este método ha sido fundamental en el desarrollo de sistemas complejos, como los que controlan robots o vehículos autónomos, y ha demostrado ser especialmente útil en juegos donde la IA aprende estrategias para ganar.

1.5 Aplicaciones Actuales de la Inteligencia Artificial

La inteligencia artificial se ha convertido en una tecnología omnipresente que impacta muchas áreas de nuestra vida diaria. A continuación, se presentan algunas de las aplicaciones más comunes de la IA en el mundo moderno:

1. **Asistentes Virtuales**: Siri, Alexa, y Google Asistente son algunos ejemplos de asistentes virtuales que utilizan IA para responder preguntas, realizar búsquedas, y ayudar con tareas cotidianas. Estos sistemas son capaces de procesar el lenguaje natural, lo que les permite interpretar y responder a comandos verbales.
2. **Sistemas de Recomendación**: Cuando navegas en plataformas como Netflix, YouTube, o Amazon, es probable que te topes con recomendaciones personalizadas. Estos sistemas de recomendación analizan tus preferencias y patrones de uso para sugerir contenido relevante, mejorando así la experiencia del usuario.
3. **Diagnóstico Médico**: La IA está revolucionando el sector de la salud al ayudar en el diagnóstico de enfermedades mediante el análisis de imágenes y datos médicos. Por ejemplo, los sistemas de IA pueden identificar tumores en radiografías o resonancias magnéticas con una precisión notable.
4. **Automatización en la Industria**: La IA es utilizada en fábricas para supervisar procesos de producción,

detectar fallos, y mejorar la eficiencia. Además, los robots industriales, equipados con algoritmos de IA, pueden realizar tareas repetitivas con rapidez y precisión.
5. **Coches Autónomos**: La industria automotriz está invirtiendo en vehículos autónomos que usan IA para percibir el entorno, reconocer señales de tráfico, y evitar colisiones. Empresas como Tesla y Google han desarrollado prototipos avanzados que prometen cambiar la forma en que nos movemos.
6. **IA en Finanzas**: En el sector financiero, la IA es utilizada para evaluar riesgos, detectar fraudes, y realizar transacciones de forma automatizada. Los bancos y empresas de inversión emplean algoritmos de IA para analizar datos y tomar decisiones informadas en fracciones de segundo.
7. **Marketing Personalizado**: Las empresas de marketing digital utilizan la IA para personalizar la publicidad y las campañas de marketing en función de los intereses y comportamientos de los consumidores. Esto permite una segmentación más precisa y una mayor efectividad en las campañas publicitarias.

Estas aplicaciones solo rascan la superficie del potencial de la IA, que continúa expandiéndose y encontrando nuevas áreas en las que puede aportar valor y eficiencia.

1.6 Mitos y Realidades de la Inteligencia Artificial

Existen varios mitos sobre la inteligencia artificial que merecen ser aclarados. Aquí exploramos algunos de los más comunes:

- **Mito 1: La IA reemplazará a todos los trabajos humanos**. Aunque es cierto que la IA ha automatizado muchas tareas, también ha creado nuevos empleos en áreas como el análisis de datos, el

desarrollo de algoritmos y la ética de la tecnología. Es probable que algunos trabajos desaparezcan, pero también surgirán otros nuevos, y la colaboración entre humanos y máquinas será clave.
- **Mito 2: La IA es capaz de sentir y pensar como un ser humano.** En realidad, la IA actual no tiene consciencia ni emociones. Aunque los algoritmos pueden imitar algunos procesos de toma de decisiones, carecen de la experiencia subjetiva y el contexto humano.

1.7 Ética y Desafíos de la Inteligencia Artificial

A medida que la inteligencia artificial avanza y se convierte en una parte cada vez más integral de la sociedad, surgen importantes consideraciones éticas y desafíos. La IA plantea preguntas sobre privacidad, equidad, y responsabilidad que deben ser abordadas para que esta tecnología beneficie a la humanidad en su conjunto.

Privacidad y Seguridad

Una de las mayores preocupaciones en torno a la IA es el uso de datos personales. Las aplicaciones de IA dependen en gran medida de datos, y esto a menudo implica recopilar y analizar información privada de los usuarios. Por ejemplo, los sistemas de reconocimiento facial pueden ser utilizados para monitorear personas en lugares públicos, lo que genera inquietud sobre la vigilancia masiva. Es crucial encontrar un equilibrio entre los beneficios de la IA y la protección de la privacidad individual.

Además, la seguridad de los datos también es un desafío. Los ciberataques y las violaciones de datos pueden poner en riesgo la información que se utiliza para entrenar los sistemas de IA. Los desarrolladores deben garantizar que los datos se almacenen y utilicen de manera segura para evitar posibles riesgos.

Sesgo y Discriminación

Otro desafío ético importante es el sesgo en la IA. Los algoritmos de IA pueden reflejar y perpetuar sesgos presentes en los datos con los que son entrenados. Esto ha ocurrido en aplicaciones de reconocimiento facial, donde se ha demostrado que algunos sistemas tienen dificultades para reconocer con precisión a personas de ciertas etnias. Estos sesgos pueden llevar a la discriminación y a decisiones injustas, y es esencial que los desarrolladores de IA trabajen para identificar y mitigar estos problemas.

Responsabilidad y Toma de Decisiones

¿Quién es responsable cuando un sistema de IA comete un error? Esta es una pregunta compleja, especialmente en aplicaciones críticas como los coches autónomos o la IA en medicina. La toma de decisiones automatizada plantea desafíos legales y éticos en términos de responsabilidad. Si un coche autónomo provoca un accidente, ¿quién debe ser responsable: el fabricante, el programador, ¿o el propietario del vehículo? Estas cuestiones aún están siendo debatidas, y es probable que se desarrollen nuevas leyes y regulaciones a medida que la IA se vuelve más común.

Impacto en el Empleo

Como mencionamos anteriormente, la IA tiene el potencial de automatizar muchos empleos, lo que plantea preocupaciones sobre el impacto en el mercado laboral. Aunque la IA también puede crear nuevos empleos, es probable que algunas personas necesiten adquirir nuevas habilidades para adaptarse a los cambios tecnológicos. Gobiernos y empresas deben trabajar juntos para ofrecer programas de formación y apoyo a los trabajadores afectados por la automatización.

1.8 El Futuro de la Inteligencia Artificial

Mirando hacia adelante, el futuro de la inteligencia artificial es tanto prometedor como incierto. A continuación, algunos de los desarrollos esperados y los debates que probablemente darán forma al futuro de esta tecnología:

- **IA y Salud**: En el ámbito de la salud, la IA podría llevar a diagnósticos más precisos, tratamientos personalizados y el desarrollo de nuevos medicamentos. Los sistemas de IA pueden analizar grandes cantidades de datos médicos, identificar patrones y ayudar a los profesionales de la salud a tomar decisiones informadas.
- **Educación Personalizada**: La IA podría transformar la educación al personalizar el aprendizaje para cada estudiante. Esto podría ayudar a reducir las brechas educativas, ya que los estudiantes recibirán lecciones y materiales adaptados a su nivel y estilo de aprendizaje.
- **Interacciones Naturales**: Con avances en procesamiento del lenguaje natural, la IA será cada vez más capaz de interactuar de manera fluida con los humanos. Esto podría facilitar la creación de asistentes virtuales avanzados que comprendan y respondan a las necesidades de los usuarios de forma más natural.
- **Ética y Regulación de la IA**: A medida que la IA se vuelva más poderosa, es probable que veamos nuevas regulaciones y códigos éticos para guiar su desarrollo. Los gobiernos, organizaciones y expertos en ética deberán trabajar juntos para crear directrices que aseguren que la IA se utilice de manera responsable y segura.
- **Inteligencia Artificial General (IA Fuerte)**: Aunque todavía está lejos, el desarrollo de una IA fuerte sigue siendo un objetivo para algunos investigadores. Una

IA capaz de realizar cualquier tarea cognitiva humana podría cambiar el mundo de formas que apenas podemos imaginar. Sin embargo, también plantea riesgos y desafíos éticos que deberán ser cuidadosamente considerados.

- **Superinteligencia y Riesgos Existenciales**: Finalmente, aunque sigue siendo un tema especulativo, algunos expertos están preocupados por el desarrollo de una superinteligencia que pudiera superar la capacidad humana. La posibilidad de una superinteligencia plantea preguntas complejas sobre el control y la seguridad. Aunque es difícil predecir si alguna vez alcanzaremos este nivel de IA, es importante que comencemos a pensar en cómo podríamos gestionar y controlar estas tecnologías de manera segura.

Conclusión

La inteligencia artificial está transformando rápidamente la sociedad y tiene el potencial de revolucionar industrias, mejorar nuestra vida cotidiana, y abrir nuevas fronteras de conocimiento y capacidad. Sin embargo, también plantea desafíos éticos, legales, y sociales que deben ser abordados con seriedad.

Este capítulo ha explorado los fundamentos de la IA, su historia, funcionamiento, aplicaciones actuales, y algunos de los mitos y realidades que la rodean. A medida que avanzamos en este libro, profundizaremos en diferentes aspectos de la IA, sus aplicaciones en sectores específicos y cómo puede influir en el futuro de la humanidad.

Capítulo 2: La Inteligencia Artificial en la Salud

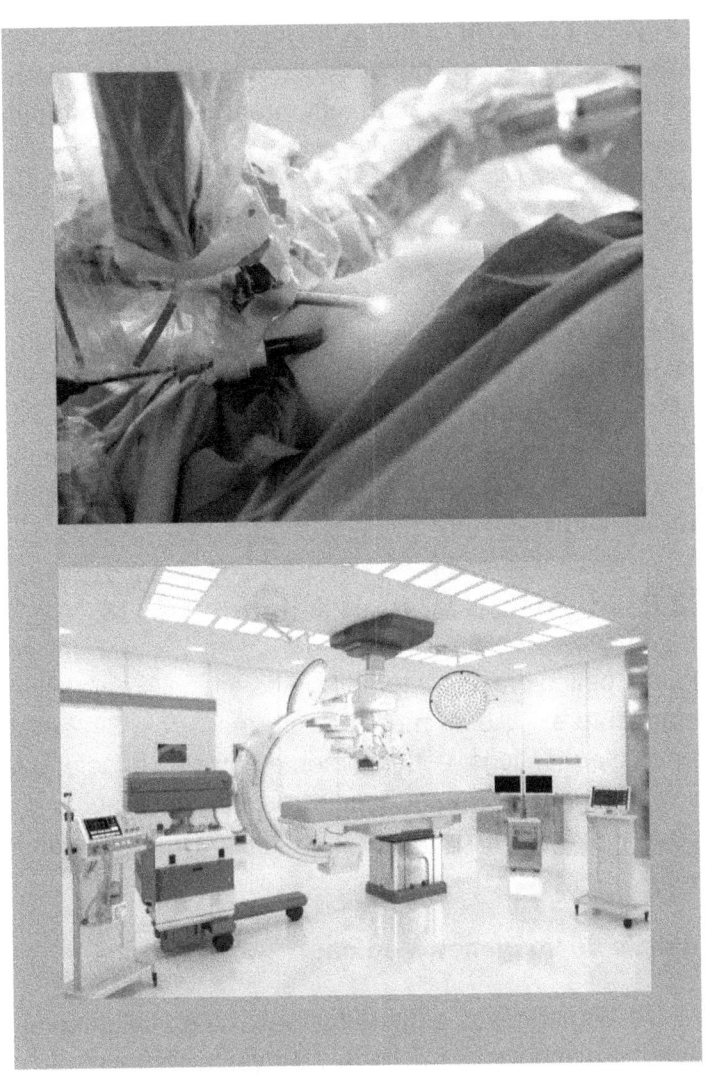

2.1 Introducción a la IA en el Sector Salud

La inteligencia artificial ha comenzado a jugar un papel crucial en el ámbito de la salud, proporcionando herramientas avanzadas para diagnosticar enfermedades, desarrollar medicamentos y mejorar la atención preventiva. Con el uso de algoritmos de aprendizaje automático y redes neuronales, la IA puede analizar grandes volúmenes de datos, identificar patrones complejos y ofrecer soluciones personalizadas. Estas capacidades están transformando el trabajo de los profesionales médicos, mejorando la precisión en los diagnósticos y haciendo que la atención médica sea más accesible y eficiente.

En este capítulo, exploramos cómo la IA está contribuyendo a distintos aspectos de la salud, como el diagnóstico por imagen, los chatbots de salud y la detección temprana de enfermedades. Analizaremos también los beneficios y desafíos de implementar IA en el sector, junto con ejemplos de cómo esta tecnología está impactando positivamente en la vida de los pacientes.

2.2 Diagnóstico Médico Asistido por IA

El diagnóstico preciso y temprano es esencial para el tratamiento exitoso de muchas enfermedades. Sin embargo, ciertos diagnósticos, especialmente aquellos relacionados con cánceres o enfermedades raras, pueden resultar complejos. Aquí es donde la IA se ha convertido en un gran aliado.

Análisis de Imágenes Médicas

Uno de los usos más extendidos de la IA en salud es en el análisis de imágenes médicas. A través de algoritmos avanzados, los sistemas de IA pueden procesar imágenes como radiografías, resonancias magnéticas y tomografías computarizadas, identificando detalles que podrían pasar desapercibidos para el ojo humano. Por ejemplo, empresas como Google Health han desarrollado modelos de IA capaces de detectar signos tempranos de cáncer de mama en mamografías con una precisión comparable, o incluso superior, a la de los radiólogos experimentados.

Esta capacidad es especialmente útil en áreas donde hay una escasez de radiólogos o especialistas en imagen médica. La IA puede ayudar a los médicos a identificar con rapidez áreas sospechosas en las imágenes, permitiendo un diagnóstico temprano y un tratamiento inmediato en muchos casos.

Diagnóstico de Enfermedades Complejas

Además del análisis de imágenes, la IA también se está utilizando para el diagnóstico de enfermedades complejas como el cáncer, la diabetes y las enfermedades cardiovasculares. Los modelos de aprendizaje profundo pueden analizar el historial clínico de un paciente, sus pruebas de laboratorio y otros datos relevantes para generar predicciones sobre posibles condiciones de salud. En algunos casos, los sistemas de IA pueden detectar patrones en los datos de salud que pueden pasar desapercibidos para los médicos, lo que permite identificar riesgos antes de que los síntomas se hagan evidentes.

2.3 IA en el Desarrollo de Medicamentos

El proceso de desarrollo de medicamentos tradicionalmente requiere años de investigación y millones de dólares en inversión. La inteligencia artificial ha comenzado a transformar esta industria al acelerar el proceso de descubrimiento de fármacos y reducir los costos. Con IA, las compañías farmacéuticas pueden analizar grandes bases de datos de compuestos químicos, identificar moléculas prometedoras y predecir su eficacia en el tratamiento de enfermedades específicas.

Diseño de Nuevas Moléculas

La IA permite identificar nuevas moléculas que podrían usarse como base para futuros medicamentos. Mediante el uso de algoritmos de modelado molecular, los científicos pueden predecir cómo interactúan los compuestos químicos con las proteínas del cuerpo humano. Este enfoque permite diseñar moléculas que sean más eficaces y tengan menos efectos secundarios.

Por ejemplo, durante la pandemia de COVID-19, la IA fue utilizada para identificar rápidamente posibles candidatos a tratamientos y vacunas. La IA analizó datos sobre el virus y propuso combinaciones de medicamentos que podrían inhibir su propagación, acelerando significativamente el proceso de investigación.

Optimización de Ensayos Clínicos

Otro aspecto en el que la IA está transformando el desarrollo de medicamentos es en la optimización de los ensayos clínicos. Los ensayos clínicos suelen ser largos y costosos, pero la IA puede ayudar a identificar a los pacientes más adecuados para participar en ellos y predecir cómo responderán a ciertos tratamientos. Al optimizar esta selección, se reduce el tiempo necesario para obtener resultados y se mejora la precisión de los ensayos.

2.4 Chatbots y Asistentes Virtuales de Salud

Los chatbots de salud han surgido como una herramienta valiosa para brindar apoyo y atención médica accesible. Estos sistemas basados en IA pueden responder preguntas comunes de los pacientes, brindar asesoramiento y ayudar a monitorizar síntomas. Los chatbots son especialmente útiles para personas que necesitan información rápida sobre sus síntomas o que buscan orientación sin tener que acudir a una clínica o un hospital.

Ejemplos de Chatbots en Salud

Algunos ejemplos de chatbots de salud incluyen aplicaciones como Ada, que permite a los usuarios describir sus síntomas y recibir una evaluación preliminar. Otro ejemplo es Babylon Health, una plataforma que utiliza IA para analizar síntomas y brindar recomendaciones sobre el siguiente paso a seguir.

Estos asistentes virtuales no solo mejoran el acceso a la información, sino que también alivian la carga sobre los sistemas de salud, permitiendo que los médicos se concentren en casos más complejos. Además, los chatbots pueden programar recordatorios para medicamentos, monitorear síntomas a largo plazo y proporcionar consejos de salud personalizados.

2.5 Detección Temprana y Prevención de Enfermedades

Una de las áreas más prometedoras en las que la IA está marcando la diferencia es en la detección temprana de enfermedades. La capacidad de identificar enfermedades en etapas iniciales puede marcar la diferencia entre la vida y la muerte en muchos casos, y aquí es donde la inteligencia artificial puede superar las limitaciones humanas.

Predicción y Prevención en Salud

Gracias a los algoritmos de aprendizaje automático, la IA puede analizar grandes volúmenes de datos históricos y actuales para predecir la probabilidad de desarrollar ciertas enfermedades. Por ejemplo, existen modelos que pueden evaluar el riesgo de diabetes, enfermedades cardíacas o cáncer basándose en factores como la genética, el historial médico familiar y los hábitos de vida de una persona. Esto permite a los médicos personalizar las recomendaciones de salud y proporcionar medidas preventivas adaptadas a cada individuo.

IA en la Genómica y la Medicina Personalizada

La inteligencia artificial también está transformando la medicina personalizada, en la que los tratamientos se adaptan a las características genéticas individuales. Los algoritmos de IA pueden analizar el genoma de un paciente y encontrar variaciones genéticas que podrían influir en cómo responderá a ciertos tratamientos. Este enfoque permite desarrollar planes de tratamiento más efectivos y con menos efectos secundarios, maximizando los beneficios y reduciendo los riesgos para el paciente.

2.6 IA en la Salud Pública

Además de su impacto a nivel individual, la IA también está revolucionando la salud pública. Al analizar datos a gran escala sobre enfermedades, hábitos de la población y tendencias de salud, la IA puede ayudar a los gobiernos y organizaciones de salud a tomar decisiones más informadas.

Predicción de Epidemias y Brotes

Uno de los mayores desafíos en salud pública es la prevención de epidemias y brotes de enfermedades. Con la ayuda de la IA, es posible monitorear y analizar datos de diversas fuentes, como redes sociales, búsquedas en Internet y registros médicos, para identificar patrones que sugieran un brote. Por ejemplo, durante la pandemia de COVID-19, algunos sistemas de IA fueron capaces de predecir la propagación del virus en ciertas áreas y ayudar a las autoridades a responder rápidamente.

La IA también puede analizar datos climáticos y de población para predecir brotes de enfermedades infecciosas, como el dengue o la malaria, en función de las condiciones ambientales. Esta capacidad de predicción permite a los sistemas de salud anticiparse y tomar medidas preventivas.

Optimización de Recursos en Salud Pública

La IA puede optimizar el uso de los recursos en salud pública, especialmente en momentos de crisis. Por ejemplo, durante la pandemia de COVID-19, algunos hospitales usaron IA para gestionar la disponibilidad de camas y equipos, priorizar pacientes según su gravedad y organizar los horarios del personal médico. Esta optimización ayuda a evitar el colapso de los sistemas de salud y garantiza que los recursos se utilicen de manera eficiente.

2.7 Desafíos y Consideraciones Éticas de la IA en la Salud

Si bien la inteligencia artificial tiene un enorme potencial para transformar la salud, también plantea desafíos éticos y prácticos que deben abordarse. Algunos de estos desafíos incluyen la privacidad de los datos, el sesgo en los algoritmos y la necesidad de supervisión humana.

Privacidad y Seguridad de los Datos

Los sistemas de IA en salud dependen en gran medida de datos personales, incluidos registros médicos y perfiles genéticos, que son altamente sensibles. Es fundamental proteger la privacidad de los pacientes y asegurarse de que sus datos estén seguros. Esto plantea desafíos relacionados con el almacenamiento y la gestión de datos, así como con la transparencia en el uso de la información.

Sesgo en los Algoritmos

Los algoritmos de IA pueden presentar sesgos si los datos de entrenamiento no son representativos de toda la población. Por ejemplo, si un sistema de IA para la detección de enfermedades ha sido entrenado principalmente con datos de una población específica, podría tener un rendimiento menor al aplicarse en otras poblaciones. Este sesgo puede llevar a diagnósticos incorrectos o a una atención desigual.

Supervisión y Responsabilidad Médica

Aunque la IA puede asistir en el diagnóstico y tratamiento de enfermedades, no puede reemplazar la experiencia y el juicio de un profesional médico. La supervisión humana es esencial para interpretar los resultados generados por la IA y tomar decisiones informadas. Además, en caso de errores, surge la pregunta de quién es responsable: ¿el médico, el hospital o el desarrollador del sistema de IA?

2.8 Futuro de la IA en la Salud

El futuro de la inteligencia artificial en la salud es prometedor y su potencial de crecimiento es inmenso. A continuación, algunas áreas en las que se espera que la IA tenga un impacto cada vez mayor en los próximos años:

- **Medicina Preventiva Personalizada**: Con el análisis de datos de salud en tiempo real, la IA permitirá a los médicos personalizar aún más los planes de prevención para cada paciente, anticipando problemas antes de que se desarrollen.
- **Cirugía Asistida por IA**: La IA permitirá realizar cirugías con una precisión mayor, asistiendo a los cirujanos con recomendaciones en tiempo real y minimizando los riesgos. Esto ya es una realidad en sistemas como el Da Vinci, que permite cirugías robóticas asistidas por IA.

- **IA en Terapias Psicológicas**: Los chatbots y otros sistemas de IA están empezando a ser usados en terapias psicológicas para proporcionar apoyo emocional y recomendaciones. Estos sistemas podrían ayudar a que el apoyo psicológico esté disponible para más personas de manera rápida y económica.
- **Desarrollo de Medicamentos para Enfermedades Raras**: La IA permitirá a las farmacéuticas investigar enfermedades poco comunes que tradicionalmente han sido ignoradas debido a sus altos costos de investigación y su baja rentabilidad. La IA reducirá estos costos y facilitará el desarrollo de tratamientos.
- **Salud Global y Respuesta a Epidemias**: La IA jugará un papel importante en la gestión de futuras pandemias, permitiendo una respuesta rápida y coordinada que minimice el impacto en la salud pública. Los sistemas de IA podrán monitorear y predecir patrones de infección y ayudar a los gobiernos a tomar decisiones más informadas y rápidas.
-

Conclusión

La inteligencia artificial está cambiando rápidamente el campo de la salud, permitiendo diagnósticos más precisos, tratamientos personalizados y una mejor prevención de enfermedades. Sin embargo, para aprovechar al máximo sus beneficios, es crucial abordar los desafíos éticos y de privacidad, garantizando que la IA se utilice de manera segura y equitativa.

Este capítulo ha explorado los avances de la IA en el diagnóstico, desarrollo de medicamentos, salud pública y prevención, y ha destacado tanto sus beneficios como sus desafíos. A medida que la tecnología avanza, es fundamental que los profesionales de la salud y los desarrolladores trabajen juntos para crear soluciones que mejoren la vida de los pacientes y hagan que la atención médica sea accesible para todos.

Ejemplos de Avances Médicos con IA

A medida que la inteligencia artificial se integra en la medicina, varios avances significativos han demostrado su valor en el diagnóstico, tratamiento y desarrollo de medicamentos. Aquí algunos ejemplos destacados:

1. **Diagnóstico de Cáncer de Mama con IA**: En 2020, investigadores de Google Health desarrollaron un modelo de IA que ha demostrado ser capaz de detectar el cáncer de mama en mamografías con una precisión superior a la de los radiólogos humanos. Este sistema reduce significativamente los falsos negativos y permite identificar el cáncer en etapas más tempranas, lo cual es crucial para un tratamiento exitoso.
2. **Desarrollo de fármacos para COVID-19**: Durante la pandemia, la empresa de biotecnología británica Ex Scientia utilizó inteligencia artificial para analizar rápidamente una gran cantidad de compuestos químicos en busca de posibles tratamientos. Este enfoque permitió reducir el tiempo necesario para identificar fármacos candidatos y mejorar su precisión, contribuyendo a la investigación de medicamentos para tratar la COVID-19.
3. **Asistente de Diagnóstico para Retina Diabética**: IDx-DR, un sistema aprobado por la FDA es un software basado en IA que puede detectar la retinopatía diabética en pacientes sin necesidad de que un oftalmólogo revise las imágenes. Esta herramienta permite a médicos de atención primaria evaluar la retinopatía diabética, mejorando el acceso

al diagnóstico para personas con diabetes en áreas donde los especialistas son escasos.
4. **Identificación de Alzheimer en Etapas Tempranas**: Un equipo de investigadores en la Universidad de California ha desarrollado un algoritmo de IA que puede analizar tomografías de cerebro y detectar los primeros signos de Alzheimer hasta seis años antes de que aparezcan los síntomas. Este diagnóstico temprano permite a los pacientes y médicos prepararse y adoptar medidas preventivas.
5. **Desarrollo de Vacunas con IA**: Moderna utilizó la inteligencia artificial para acelerar el desarrollo de su vacuna contra la COVID-19. La IA ayudó a analizar datos genéticos y a predecir cómo ciertas proteínas del virus SARS-CoV-2 podían ser atacadas por el sistema inmunitario, facilitando el diseño de la vacuna de manera mucho más rápida y eficiente que en procesos convencionales.

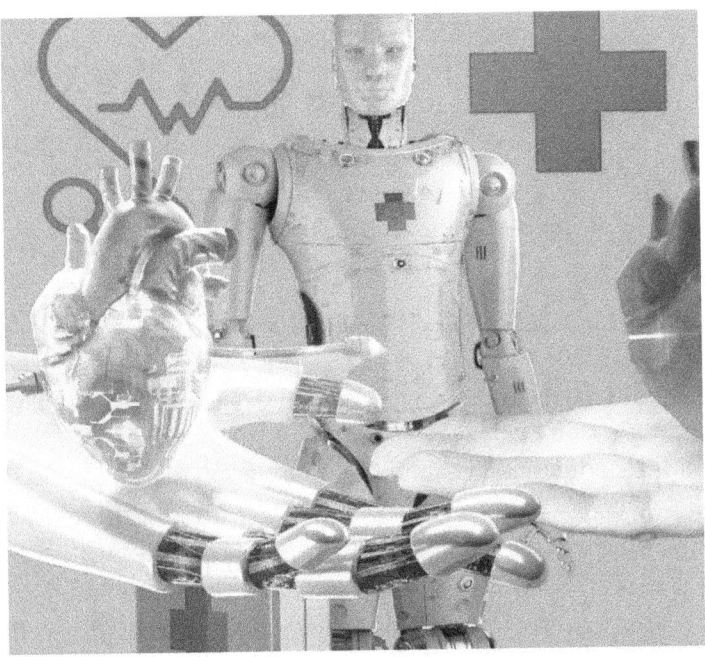

Capítulo 3: La Inteligencia Artificial en la Educación

3.1 Introducción a la IA en la Educación

La educación es uno de los campos en los que la inteligencia artificial tiene un potencial transformador enorme. Desde el aprendizaje personalizado hasta los sistemas de evaluación automáticos, la IA está redefiniendo cómo estudiantes y profesores interactúan y aprenden. Con el apoyo de la IA, el aprendizaje se está volviendo más accesible, flexible y adaptado a las necesidades individuales de cada alumno.

Uno de los objetivos principales de la IA en la educación es ofrecer una experiencia de aprendizaje personalizada. Esto significa que los sistemas de IA pueden identificar el nivel de conocimiento, los intereses y las necesidades específicas de cada estudiante, adaptando los materiales y el ritmo de estudio a su estilo de aprendizaje. Esta capacidad de personalización está ayudando a cerrar brechas en el aprendizaje y a brindar oportunidades educativas más inclusivas y eficaces.

3.2 Aprendizaje Personalizado

La personalización del aprendizaje es uno de los aspectos más innovadores de la IA en la educación. En lugar de enseñar a todos los estudiantes de la misma forma, los sistemas de IA pueden adaptar los contenidos y las actividades de aprendizaje para cada alumno en función de sus habilidades y progreso.

Plataformas de Aprendizaje Adaptativo

Existen plataformas de aprendizaje adaptativo, como DreamBox y Smart Sparrow, que emplean inteligencia artificial para ajustar automáticamente el contenido en función del rendimiento del estudiante. Estas plataformas pueden cambiar el nivel de dificultad de los ejercicios, ofrecer explicaciones adicionales cuando un estudiante tiene dificultades o incluso recomendar materiales de refuerzo. De esta forma, cada estudiante recibe una experiencia de aprendizaje única y acorde a su nivel de conocimiento.

Beneficios del Aprendizaje Personalizado

El aprendizaje personalizado permite que los estudiantes avancen a su propio ritmo, lo cual es especialmente útil para aquellos que requieren más tiempo para dominar ciertos conceptos o, al contrario, para quienes desean avanzar rápidamente. También contribuye a reducir la frustración y a aumentar la motivación, ya que los estudiantes se sienten más cómodos al aprender en un entorno adaptado a sus necesidades.

3.3 Tutores Virtuales y Asistentes de IA

Los tutores virtuales son otro avance revolucionario de la IA en la educación. Estos sistemas de IA están diseñados para brindar apoyo adicional a los estudiantes, respondiendo preguntas, explicando conceptos difíciles y guiándonos a través de actividades de aprendizaje.

Ejemplos de Tutores Virtuales

Uno de los ejemplos más conocidos es el tutor virtual de IBM Watson, utilizado en algunas universidades para ayudar a los estudiantes en tareas complejas de programación y matemáticas. Otro ejemplo es "Ji ll Watson", una IA que actúa como asistente de enseñanza en cursos online en la Universidad de Georgia TECH, proporcionando respuestas automáticas a preguntas frecuentes y permitiendo a los instructores enfocarse en interacciones más personalizadas.

Los tutores virtuales pueden mejorar significativamente la experiencia de aprendizaje, proporcionando asistencia rápida y accesible en cualquier momento del día, lo cual es especialmente valioso en entornos de aprendizaje a distancia o en cursos en línea.

3.4 Evaluación y Retroalimentación Automática

La evaluación y retroalimentación automática es una aplicación de la IA que está ayudando a los educadores a evaluar el rendimiento de los estudiantes de manera más eficiente y objetiva. Los sistemas de IA pueden analizar respuestas, proporcionar retroalimentación instantánea y hasta identificar áreas donde el estudiante necesita mejorar.

Ventajas de la Evaluación Automatizada

Este tipo de evaluación ahorra tiempo a los docentes y permite ofrecer retroalimentación inmediata a los estudiantes. Además, los sistemas de IA pueden analizar patrones en las respuestas de los estudiantes para identificar áreas de dificultad comunes, lo que ayuda a los educadores a ajustar sus métodos de enseñanza y mejorar el aprendizaje en general.

Por ejemplo, herramientas como Grandes cope, desarrollada en la Universidad de California, permiten a los docentes corregir exámenes y proyectos de manera automatizada, proporcionando a los estudiantes una retroalimentación detallada casi al instante. Estas herramientas también permiten detectar patrones de errores, ayudando a los docentes a mejorar sus métodos de enseñanza.

3.5 Asistentes de IA para Profesores

La IA no solo está beneficiando a los estudiantes, sino también a los profesores. Los asistentes de IA pueden ayudar a los docentes en tareas administrativas, como la organización de horarios, la gestión de calificaciones y la planificación de lecciones.

Planificación de Lecciones y Creación de Materiales

Los asistentes de IA pueden analizar el contenido de los planes de estudio y sugerir recursos o actividades adicionales para cada lección. Esto permite a los docentes dedicar más tiempo a la enseñanza y menos a la preparación de materiales.

Además, existen plataformas que ayudan a los profesores a identificar recursos educativos en función de los temas que planean enseñar. Esto no solo ahorra tiempo, sino que también asegura que el contenido sea relevante y esté alineado con los objetivos de aprendizaje.

3.6 IA en la Enseñanza de Idiomas

La enseñanza de idiomas ha sido uno de los primeros campos en adoptar la IA con éxito. Las plataformas de aprendizaje de idiomas, como Duolingo y Babbel, utilizan inteligencia artificial para adaptar el contenido a las habilidades y el ritmo de aprendizaje de cada usuario.

Ejercicios de Pronunciación y Comprensión Auditiva

La IA permite a los estudiantes practicar la pronunciación y mejorar sus habilidades de comprensión auditiva mediante el uso de tecnologías de reconocimiento de voz y procesamiento del lenguaje natural. Esto permite que los estudiantes reciban retroalimentación en tiempo real y mejoren su fluidez.

Traductores y Asistentes de Conversación

Herramientas como Google Translate y los asistentes de conversación basados en IA también están facilitando la comunicación en distintos idiomas, ayudando a los estudiantes a mejorar sus habilidades y a practicar en un contexto real. Estos avances hacen que el aprendizaje de idiomas sea más accesible y práctico para personas de todas las edades.

3.7 Realidad Virtual y Realidad Aumentada en la Educación

La realidad virtual y la realidad aumentada son tecnologías que, combinadas con la IA, están transformando la forma en que los estudiantes experimentan el aprendizaje. Estas tecnologías permiten crear simulaciones y entornos inmersivos donde los estudiantes pueden practicar habilidades y explorar temas complejos.

Simulaciones en Ciencias y Medicina

En las ciencias y la medicina, permiten a los estudiantes realizar experimentos o practicar procedimientos sin riesgos reales. Por ejemplo, los estudiantes de medicina pueden practicar cirugías en un entorno virtual antes de trabajar con pacientes reales. Estas simulaciones ofrecen una forma segura y controlada de adquirir experiencia práctica.

Aprendizaje Interactivo en Historia y Geografía

La realidad aumentada también se utiliza para enseñar historia y geografía de manera interactiva, permitiendo a los estudiantes explorar lugares históricos o mapas en tres dimensiones. Estas experiencias interactivas pueden aumentar la comprensión y el interés de los estudiantes en temas complejos.

3.8 Desafíos de la IA en la Educación

Aunque la IA ofrece grandes beneficios, también enfrenta varios desafíos en el campo de la educación. Estos incluyen la privacidad de los datos, el sesgo en los algoritmos y la necesidad de una infraestructura adecuada para implementar la tecnología en todas las instituciones educativas.

Privacidad y Seguridad de los Datos

Los sistemas de IA en educación dependen de datos personales de los estudiantes, lo que plantea desafíos relacionados con la privacidad y la seguridad. Es esencial que las instituciones educativas tomen medidas para proteger la información de los estudiantes y garantizar que los datos se utilicen de manera ética.

Sesgo en los Algoritmos

Al igual que en otros campos, los sistemas de IA en educación pueden presentar sesgos que afectan negativamente a ciertos estudiantes. Es fundamental que los desarrolladores de estos sistemas trabajen para minimizar el sesgo y garantizar que la IA ofrezca una experiencia de aprendizaje justa para todos.

Ejemplos de Avances en la Educación con IA

La inteligencia artificial ha generado múltiples avances significativos en la educación, brindando oportunidades de aprendizaje innovadoras y eficientes. A continuación, algunos ejemplos destacados de cómo la IA está impactando en el ámbito educativo:

1. **Knewton en el Aprendizaje Personalizado**: Knewton es una plataforma de aprendizaje adaptativo que ajusta el contenido de acuerdo con el progreso y las necesidades de cada estudiante. Utiliza IA para identificar áreas de dificultad y personalizar el material de aprendizaje, ayudando a cada estudiante a avanzar a su propio ritmo.
2. **Tutores Virtuales de Carnegie Learning**: Carnegie Learning ha desarrollado tutores virtuales en matemáticas que se adaptan a cada estudiante, proporcionando ayuda en tiempo real y ofreciendo explicaciones adicionales cuando es necesario. Estos tutores están diseñados para mejorar la comprensión de conceptos matemáticos y reducir la necesidad de intervención constante por parte del profesor.

3. **Grades, cope para la Evaluación Automática:** Grandes copé, desarrollado en la Universidad de California, es una plataforma de evaluación automatizada que ayuda a los docentes a corregir trabajos y exámenes de manera eficiente. Este sistema de IA también proporciona retroalimentación detallada, permitiendo que los estudiantes comprendan sus errores y mejoren en futuras evaluaciones.
4. **Plataforma de Idiomas Duolingo:** Duolingo utiliza IA para adaptar las lecciones de idiomas a cada usuario, proporcionando prácticas de gramática, pronunciación y vocabulario personalizadas. La plataforma ajusta la dificultad de los ejercicios y ofrece retro

---

4. **Plataforma de Idiomas Duolingo:** Duolingo utiliza IA para adaptar las lecciones de idiomas a cada usuario, proporcionando prácticas de gramática, pronunciación y vocabulario personalizadas. La plataforma ajusta la dificultad de los ejercicios y ofrece retroalimentación en tiempo real, permitiendo a los usuarios progresar de acuerdo con su nivel y ritmo de aprendizaje. Además, Duolingo usa IA para analizar los patrones de aprendizaje de millones de usuarios y mejorar constantemente la eficacia de sus lecciones.
5. **Plataforma Querium para STEAM:** Querion utiliza IA para proporcionar tutoría personalizada en matemáticas, ciencias y habilidades técnicas. Su plataforma analiza el trabajo de cada estudiante y ofrece retroalimentación paso a paso, ayudando a los estudiantes a mejorar sus habilidades y a comprender conceptos complejos en materias STEM (Ciencia, Tecnología, Ingeniería y Matemáticas).
6. **Sistemas de Realidad Aumentada en Historia:** Varios programas de realidad aumentada, como

Google Expedición, permiten a los estudiantes explorar lugares históricos y experimentar contextos culturales de manera inmersiva. Con el apoyo de la IA, estas aplicaciones se adaptan a la comprensión de cada estudiante, ofreciendo contenido que va desde información básica hasta detalles avanzados, lo cual enriquece el aprendizaje en historia, geografía y estudios sociales.

7. **Plataforma Lear Ning en Matemáticas**: Lear Ning utiliza IA para apoyar a profesores en la enseñanza de matemáticas. La plataforma recopila datos de rendimiento de los estudiantes y proporciona lecciones personalizadas que abordan los conceptos con los que los estudiantes suelen tener más dificultades. Esto facilita que los profesores enfoquen sus lecciones en áreas específicas y refuercen el aprendizaje de cada estudiante.

Conclusión

La inteligencia artificial está transformando rápidamente el ámbito educativo, ofreciendo a los estudiantes y docentes nuevas herramientas y enfoques que hacen que el aprendizaje sea más accesible, efectivo y adaptativo. Desde el aprendizaje personalizado y los tutores virtuales hasta las plataformas de evaluación automática y la realidad aumentada, la IA ha demostrado su capacidad para mejorar la experiencia educativa en diversos aspectos.

Sin embargo, como ocurre en otros campos, el uso de IA en la educación también presenta desafíos, especialmente en cuanto a la privacidad de los datos y el sesgo en los algoritmos. Es fundamental que las instituciones educativas, los desarrolladores de tecnología y los gobiernos colaboren para garantizar que la IA se utilice de manera ética y justa.

Este capítulo ha explorado cómo la inteligencia artificial está impulsando la educación hacia un futuro más inclusivo y personalizado. A medida que esta tecnología continúe avanzando, es probable que veamos aún más innovaciones que transformen la manera en que aprendemos y enseñamos, creando oportunidades de aprendizaje que antes parecían inalcanzables.

Capítulo 4: La Inteligencia Artificial en el Trabajo y la Automatización

4.1 Introducción a la IA en el Entorno Laboral

La inteligencia artificial está revolucionando el ámbito laboral a un ritmo acelerado, afectando a casi todas las industrias. Desde la automatización de tareas rutinarias hasta el análisis avanzado de datos para tomar decisiones estratégicas, la IA está impulsando cambios profundos en cómo trabajamos y en los tipos de empleos que existen. Aunque esta tecnología ofrece beneficios significativos en términos de eficiencia y precisión, también plantea desafíos importantes, como la adaptación de la fuerza laboral a los cambios y la creación de nuevas habilidades.

En este capítulo, exploramos cómo la IA está siendo aplicada en diversos sectores laborales, sus ventajas y los desafíos que presenta. También analizaremos cómo las organizaciones pueden integrar esta tecnología de manera efectiva y cómo los trabajadores pueden prepararse para el futuro del trabajo.

4.2 Automatización de Tareas Repetitivas

Una de las aplicaciones más comunes de la IA en el trabajo es la automatización de tareas repetitivas y de bajo valor. Estas tareas suelen consumir mucho tiempo y son propensas a errores cuando se realizan manualmente. La IA puede automatizar procesos como la entrada de datos, la gestión de inventarios y el servicio al cliente, liberando a los empleados para que se concentren en tareas más creativas y estratégicas.

Ejemplos de Automatización en el Trabajo

- **Automatización de Procesos Financieros**: Las empresas están utilizando IA para automatizar tareas de contabilidad y finanzas, como la conciliación de cuentas, la auditoría de transacciones y la elaboración de informes financieros. Estas tareas, que solían tomar horas, ahora pueden completarse en minutos con el apoyo de la IA.
- **Atención al Cliente Automatizada**: Los chatbots impulsados por IA se han convertido en una herramienta popular para gestionar consultas básicas de los clientes. Estos sistemas pueden responder preguntas comunes, resolver problemas y transferir casos más complejos a los agentes humanos.

4.3 Mejora de la Toma de Decisiones

La IA también está mejorando la toma de decisiones en el trabajo al proporcionar análisis de datos en tiempo real y recomendaciones basadas en patrones complejos. Con el acceso a grandes volúmenes de datos, los sistemas de IA pueden identificar tendencias, analizar riesgos y sugerir estrategias informadas. Esto es especialmente útil en sectores como la salud, las finanzas y el comercio, donde las decisiones basadas en datos pueden marcar la diferencia.

IA en los Análisis Predictivos

En sectores como el comercio minorista y la manufactura, la IA se utiliza para el análisis predictivo. Este tipo de análisis permite a las empresas anticipar la demanda, optimizar la cadena de suministro y reducir los costos. En la salud, por ejemplo, la IA puede analizar datos de pacientes para predecir brotes de enfermedades o personalizar los planes de tratamiento.

4.4 Creación de Nuevas Oportunidades Laborales

A pesar del temor a que la automatización elimine empleos, la IA también está creando nuevos roles y oportunidades laborales. La demanda de habilidades relacionadas con la IA, como el análisis de datos, la programación y la gestión de proyectos de IA, está en auge. A medida que más empresas adoptan la IA, surge la necesidad de profesionales que puedan desarrollar, implementar y gestionar estos sistemas.

Empleos en el Ámbito de la IA

Algunos ejemplos de roles emergentes incluyen:

- **Ingenieros de IA y Machine Lear Ning**: Estos profesionales desarrollan algoritmos y modelos de aprendizaje automático para resolver problemas específicos.
- **Analistas de Datos**: Los analistas de datos son responsables de interpretar grandes conjuntos de datos, identificar patrones y extraer información útil para la toma de decisiones.
- **Especialistas en Ética de IA**: A medida que la IA se integra más en la sociedad, los especialistas en ética ayudan a garantizar que estas tecnologías se desarrollen y utilicen de manera responsable y justa.

4.5 Desafíos de la IA en el Trabajo

La integración de la IA en el entorno laboral no está exenta de desafíos. Algunos de los obstáculos más importantes incluyen la resistencia al cambio, el costo de implementación y la necesidad de desarrollar nuevas habilidades en la fuerza laboral.

Resistencia al Cambio

Muchas personas temen que la automatización y la IA eliminen sus empleos, lo que puede llevar a la resistencia al cambio. Para mitigar estos temores, las empresas deben comunicar los beneficios de la IA y ofrecer programas de formación y apoyo a sus empleados.

Brecha de Habilidades

La rápida adopción de la IA ha creado una brecha de habilidades en la fuerza laboral. La demanda de habilidades técnicas como la programación y el análisis de datos supera la oferta, lo que representa un desafío tanto para las empresas como para los trabajadores. Las organizaciones deben invertir en capacitación y desarrollo profesional para que sus empleados adquieran las habilidades necesarias.

Ejemplos de Aplicaciones de IA en el Trabajo

La inteligencia artificial ha llevado a cabo avances concretos en múltiples sectores laborales, mejorando la eficiencia y proporcionando beneficios significativos. A continuación, algunos ejemplos destacados de cómo la IA está transformando el entorno laboral:

1. **Chatbots en Servicio al Cliente**: Empresas como Bank of América y H & M utilizan chatbots impulsados por IA para responder a preguntas frecuentes de los clientes, gestionar consultas básicas y redirigir casos complejos a representantes humanos. Esto permite a los agentes concentrarse en tareas de mayor valor.
2. **Sistemas de Predicción de Demanda en Retail**: Walmart y Amazon han implementado sistemas de IA para predecir la demanda de productos y optimizar el inventario. Estos sistemas analizan patrones de compra, estacionalidad y otros factores para garantizar que los productos estén disponibles cuando los clientes los necesitan.

3. **Automatización de Procesos en Recursos Humanos**: La IA también ha transformado el reclutamiento y la selección de personal. Plataformas como HireVue utilizan IA para analizar entrevistas en video y evaluar a los candidatos en función de su lenguaje corporal, tono de voz y otras señales, acelerando el proceso de contratación y mejorando la precisión en la selección.
4. **Asistentes Virtuales en Salud**: En el ámbito de la salud, la IA se utiliza para gestionar tareas administrativas, como la programación de citas y el seguimiento de recordatorios para pacientes. Esto permite al personal médico concentrarse en brindar atención a los pacientes en lugar de dedicar tiempo a tareas administrativas.
5. **Control de Calidad en Manufactura**: La IA se ha integrado en las líneas de producción para detectar defectos en tiempo real. Empresas automotrices, como BMW y General Motors, emplean sistemas de visión artificial para identificar errores o anomalías en las piezas durante el proceso de fabricación, lo que mejora la calidad y reduce el desperdicio.
6. **Análisis Financiero Automatizado**: Compañías de servicios financieros como JP Morgan utilizan IA para analizar transacciones y detectar actividades sospechosas en tiempo real, ayudando a prevenir el fraude financiero. La IA también se utiliza para predecir fluctuaciones en los mercados y gestionar riesgos de inversión.
7. **Optimización de la Cadena de Suministro**: Empresas como DHL y FedEx emplean YA para optimizar rutas de entrega, reducir costos de transporte y mejorar la eficiencia en la cadena de suministro. Estos sistemas ayudan a las empresas a cumplir con los plazos de entrega y a reducir el impacto ambiental al minimizar las distancias recorridas.

Conclusión

La inteligencia artificial está transformando el mundo laboral, automatizando tareas repetitivas, mejorando la toma de decisiones y creando nuevas oportunidades para los trabajadores. Aunque la IA plantea desafíos como la brecha de habilidades y la resistencia al cambio, sus beneficios potenciales son significativos y abarcan casi todos los sectores.

Este capítulo ha explorado las aplicaciones de la IA en el entorno laboral, desde la automatización de procesos hasta la creación de nuevos roles profesionales. A medida que la tecnología siga avanzando, es fundamental que tanto las organizaciones como los trabajadores se adapten a esta nueva realidad, adquiriendo las habilidades necesarias y promoviendo una colaboración efectiva entre humanos y máquinas para maximizar el potencial de la IA en el trabajo.

Capítulo 5: La Inteligencia Artificial en la Seguridad y la Protección de Datos

5.1 Introducción a la IA en la Seguridad

La seguridad de la información y la protección de datos son preocupaciones fundamentales en la era digital. Con el aumento de los datos personales almacenados en línea y la creciente sofisticación de los ciberataques, la inteligencia artificial (IA) está desempeñando un papel clave en la seguridad cibernética. Los sistemas de IA ayudan a detectar amenazas, prevenir ataques y proteger los datos de millones de usuarios y empresas en todo el mundo.

A lo largo de este capítulo, explicaremos cómo se utiliza la IA para mejorar la seguridad, los tipos de tecnologías de IA en el ámbito de la protección de datos, y los desafíos éticos y prácticos que surgen en el proceso.

5.2 Detección de Amenazas con IA

Una de las principales aplicaciones de la IA en seguridad es la **detección de amenazas**. Los algoritmos de IA pueden analizar grandes cantidades de datos en tiempo real y detectar patrones inusuales que podrían indicar un ataque cibernético. Esto permite a los sistemas de seguridad reaccionar rápidamente y tomar medidas antes de que el ataque se propague.

Ejemplos de Detección de Amenazas

1. **Análisis de Comportamiento de Usuario y Entidad:** Los sistemas de IA que usan pueden identificar comportamientos sospechosos o anómalos en usuarios y dispositivos dentro de una red. Si un usuario intenta acceder a datos restringidos o muestra patrones de comportamiento atípicos, el sistema puede alertar a los administradores de seguridad para que investiguen.
2. **Sistemas de Detección de Intrusiones Basados en IA:** Un monitoreo del tráfico de red y utiliza IA para detectar posibles intrusiones. A través del análisis de patrones, el sistema puede identificar y bloquear actividades maliciosas, como intentos de acceso no

autorizado, ataques de fuerza bruta o intentos de inyección de código malicioso.

5.3 IA en la Prevención de Ataques

Además de detectar amenazas, la IA es fundamental en la **prevención de ataques**. Mediante el análisis predictivo, los sistemas de IA pueden anticipar posibles vulnerabilidades y proporcionar recomendaciones para mitigar los riesgos antes de que un atacante las aproveche.

Seguridad Predictiva

La seguridad predictiva utiliza algoritmos de aprendizaje automático para analizar datos históricos y predecir ataques futuros. Esta tecnología puede identificar patrones que sugieren una amenaza inminente, lo que permite a las empresas adoptar medidas preventivas. Por ejemplo, los sistemas de seguridad predictiva pueden advertir sobre la posibilidad de un ataque de ransomware en función de comportamientos observados en redes similares.

Implementación de Firewalls Inteligentes

Los firewalls tradicionales controlan el tráfico de red basándose en reglas predefinidas, pero los **firewalls inteligentes** impulsados por IA pueden adaptarse y aprender en tiempo real. Estos sistemas avanzados pueden detectar patrones de tráfico anómalos, analizar el comportamiento de las aplicaciones y actualizar sus reglas de protección de forma autónoma, mejorando su eficacia frente a amenazas cambiantes.

5.4 IA en la Protección de Datos Personales

Con la gran cantidad de información personal en internet, la **protección de datos personales** es una prioridad. La IA permite mejorar los sistemas de cifrado y asegurar la privacidad de los datos, lo que resulta crucial para la confianza de los usuarios.

Cifrado y Seguridad de la Información

La IA permite crear algoritmos de cifrado más seguros y eficaces. Por ejemplo, el **cifrado holomórfico** permite que los datos sean procesados sin necesidad de ser descifrados, manteniendo la privacidad incluso durante su procesamiento. La IA también ayuda a detectar intentos de descifrado no autorizado y a bloquearlos antes de que puedan comprometer la información.

Amonificación de Datos con IA

En sectores como la salud y las finanzas, la IA es fundamental para la **amonificación de datos**. La amonificación permite que los datos sean utilizados para análisis sin revelar información sensible sobre los individuos. Los algoritmos de IA pueden identificar y eliminar los puntos de datos que podrían vincularse a una persona específica, protegiendo así la privacidad.

5.5 IA en la Respuesta a Incidentes de Seguridad

Cuando se produce un ataque, la IA puede ayudar a contenerlo y reducir su impacto. Los sistemas de IA permiten responder rápidamente a los incidentes de seguridad, minimizando el daño y ayudando a las empresas a recuperarse más rápidamente.

Automatización de la Respuesta a Incidentes

La automatización es clave en la respuesta a incidentes, ya que permite que los sistemas de IA ejecuten acciones de respuesta inmediata, como aislar dispositivos comprometidos, bloquear direcciones IP sospechosas o cerrar sesiones de usuario que podrían estar comprometidas. Esta capacidad de respuesta automática reduce el tiempo que los atacantes tienen para explotar una vulnerabilidad.

Herramientas de Análisis Forense con IA

La IA también ayuda en la investigación posterior al incidente a través de herramientas de análisis forense digital. Estas herramientas permiten reconstruir el ataque, identificar su origen y comprender cómo los atacantes lograron vulnerar el sistema. Este análisis forense ayuda a prevenir futuros ataques al identificar y corregir las vulnerabilidades.

5.6 IA en la Autenticación y Control de Acceso

La autenticación y el control de acceso son componentes críticos de la seguridad. La IA permite crear sistemas de autenticación más seguros y sofisticados, como la autenticación biométrica y la autenticación multifactorial.

Autenticación Biométrica

Los sistemas de autenticación biométrica utilizan características físicas únicas, como huellas dactilares o reconocimiento facial, para autenticar a los usuarios. Con el aprendizaje automático, estos sistemas pueden mejorar su precisión y adaptarse a cambios en la apariencia física de los usuarios, lo que los hace más seguros y confiables.

Autenticación Multifactorial Inteligente

La autenticación multifactorial (MFA) con IA es otra capa de seguridad. Además de solicitar una contraseña, los sistemas de MFA pueden solicitar otros factores, como el reconocimiento de voz o la verificación en un dispositivo móvil. La IA permite que estos sistemas se adapten a cada usuario y ajusten los factores de autenticación según el contexto, aumentando la seguridad.

5.7 Desafíos y Consideraciones Éticas en el Uso de IA para la Seguridad

Aunque la IA ha demostrado ser valiosa en la seguridad, también plantea varios desafíos éticos y prácticos. La privacidad, el sesgo en los algoritmos y el mal uso de la IA son algunos de los temas críticos que deben abordarse.

Privacidad de los Datos

Los sistemas de IA en seguridad dependen de grandes cantidades de datos personales, lo que plantea preocupaciones sobre la privacidad. Las organizaciones deben asegurar que estos datos se manejen de manera ética y conforme a las regulaciones de privacidad.

Sesgo y Discriminación

El sesgo en los algoritmos de IA es una preocupación significativa. Si los datos de entrenamiento contienen sesgos, los sistemas de IA pueden tomar decisiones discriminatorias. Esto es particularmente problemático en sistemas de seguridad que podrían tomar acciones automáticas basadas en estos sesgos.

Mal Uso de la IA en Seguridad

Finalmente, es importante reconocer que la IA también puede ser utilizada por atacantes para desarrollar ciberataques más sofisticados. Los hackers pueden utilizarla para crear malware adaptable, diseñar ataques de phishing personalizados o evadir sistemas de detección. La carrera entre los defensores de la seguridad y los atacantes que usan IA es continua y plantea desafíos de seguridad únicos.

Ejemplos de IA en la Seguridad

La IA ha mostrado su eficacia en diversas aplicaciones de seguridad. A continuación, algunos ejemplos destacados:

1. **Dar trance para la Detección de Amenazas**: Dar trance utiliza IA para analizar el comportamiento de los usuarios y detectar actividades sospechosas en redes corporativas. Su sistema de "inmunidad digital" aprende lo que es normal en una red y detecta desviaciones en tiempo real.
2. **Cylance para la Prevención de Malware**: Cylance utiliza algoritmos de aprendizaje automático para detectar y bloquear malware antes de que infecte un sistema. En lugar de basarse en listas de virus conocidos, Cylance identifica el comportamiento sospechoso y previene el ataque.
3. **Uso de IA por la Policía de Nueva York (NYPD)**: El NYPD utiliza IA para analizar datos de vigilancia y detectar comportamientos que pueden indicar actividad criminal. Aunque este uso ha sido controvertido, ha ayudado a mejorar la eficiencia de la seguridad en áreas específicas.
4. **Firewalls Inteligentes como Palo Alto Networks**: Palo Alto Networks implementa firewalls inteligentes que aprenden y adaptan sus reglas para proteger contra amenazas emergentes en tiempo real.

Conclusión

La inteligencia artificial está transformando la seguridad cibernética y la protección de datos, permitiendo detectar, prevenir y responder a amenazas con una velocidad y precisión sin precedentes. Sin embargo, también plantea desafíos importantes en términos de privacidad y ética. Este capítulo ha explorado cómo la IA se está utilizando en la seguridad, desde la autenticación avanzada hasta la respuesta a incidentes y la protección de datos. A medida que la tecnología avanza, es crucial que las organizaciones equilibren la

protección de los datos con ética y privacidad. La inteligencia artificial tiene un potencial inmenso para hacer frente a las amenazas cibernéticas, pero su aplicación requiere una gestión cuidadosa para asegurar que se utilice de forma justa y responsable.

Al equilibrar la innovación con la ética, la IA puede convertirse en una herramienta poderosa en la lucha contra los ciberataques y en la protección de los datos personales y la privacidad. Este equilibrio permitirá que la inteligencia artificial continúe mejorando la seguridad sin comprometer la confianza y la libertad de los usuarios.

Capítulo 6: La Inteligencia Artificial en la Medicina y la Investigación Médica

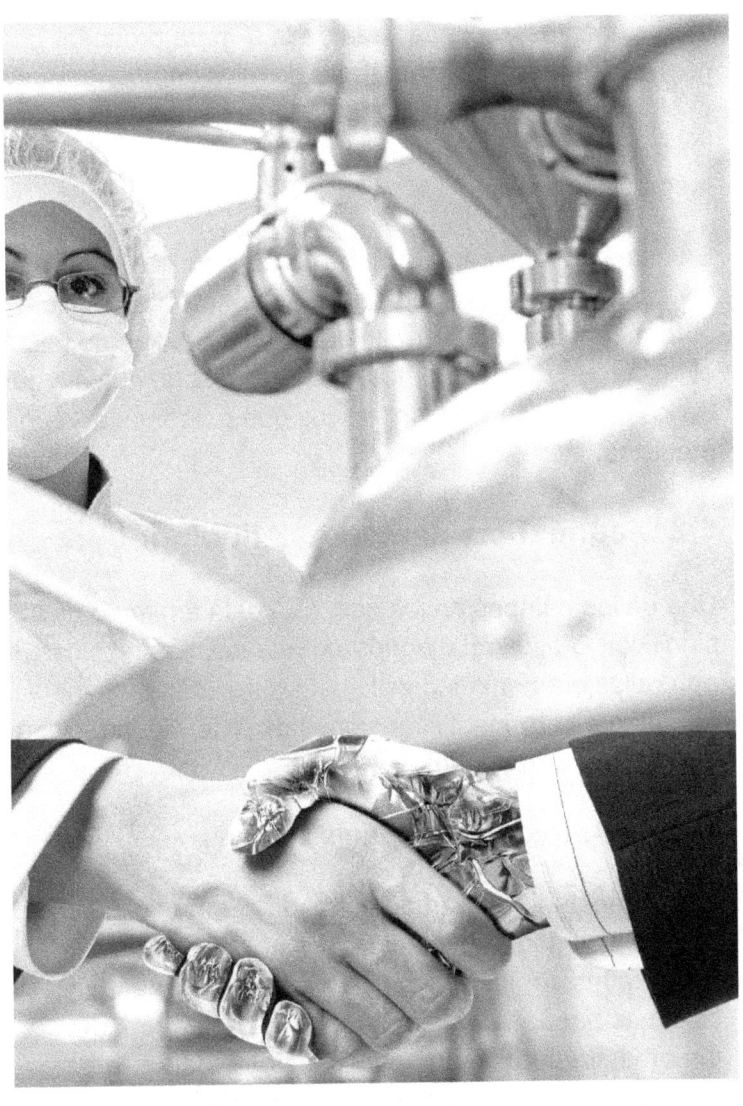

6.1 Introducción al Impacto de la IA en la Medicina

La inteligencia artificial ha comenzado a desempeñar un papel revolucionario en el ámbito médico, abarcando desde el diagnóstico temprano de enfermedades hasta el descubrimiento de nuevos tratamientos y el desarrollo de medicamentos. La capacidad de la IA para procesar grandes cantidades de datos y aprender de ellos ha abierto nuevas posibilidades para el cuidado de la salud, permitiendo mejorar los resultados y optimizar el trabajo de los profesionales médicos.

En este capítulo, explicaremos cómo se utiliza la IA en diversas áreas de la medicina, incluyendo la detección de enfermedades, el desarrollo de tratamientos personalizados y el diseño de medicamentos. También discutiremos algunos de los desafíos éticos y prácticos que presenta la IA en la medicina.

6.2 Diagnóstico Médico Asistido por IA

Uno de los campos en los que la IA está teniendo un impacto significativo es en el diagnóstico médico. Las técnicas de aprendizaje automático y el análisis de imágenes médicas permiten a la IA identificar signos de enfermedades con una precisión sin precedentes.

IA en el Análisis de Imágenes Médicas

Los sistemas de IA han demostrado ser muy efectivos en el análisis de imágenes médicas, como radiografías, tomografías computarizadas y resonancias magnéticas. Estos sistemas pueden detectar señales de enfermedades, como tumores, fracturas o anomalías en los órganos internos, a menudo con una precisión comparable a la de un radiólogo experimentado. Por ejemplo, la IA ha sido utilizada para mejorar la detección temprana del cáncer de mama, al identificar microcalcificaciones en mamografías que pueden pasar desapercibidas.

Diagnóstico de Enfermedades Complejas

Además del análisis de imágenes, la IA también está siendo utilizada para diagnosticar enfermedades complejas como la diabetes, el Alzheimer y las enfermedades cardiovasculares. Al analizar el historial médico de un paciente junto con otros datos, la IA puede predecir el riesgo de desarrollar ciertas enfermedades, permitiendo a los médicos intervenir de manera preventiva.

6.3 IA en el Desarrollo de Tratamientos Personalizados

La medicina personalizada es una de las áreas de la medicina que más se beneficia de la IA. Los sistemas de IA pueden analizar el perfil genético de un paciente, su historial clínico y otros datos personales para recomendar tratamientos específicos adaptados a sus características.

Uso de IA en la Genómica

La genómica es el estudio de los genes y su relación con las enfermedades. Con el apoyo de la IA, los investigadores pueden analizar secuencias genéticas y comprender cómo ciertas variaciones genéticas afectan la salud. Esto permite diseñar tratamientos específicos para cada paciente, aumentando la efectividad de los tratamientos y reduciendo los efectos secundarios.

Terapias Basadas en IA

Los sistemas de IA también están siendo utilizados para crear terapias personalizadas. En el tratamiento del cáncer, por ejemplo, la IA puede analizar la respuesta de un paciente a la quimioterapia y ajustar las dosis o recomendar otros medicamentos en función de su efectividad.

6.4 Desarrollo de Medicamentos Asistido por IA

El desarrollo de nuevos medicamentos es un proceso largo y costoso, pero la IA está transformando este proceso al acelerar el descubrimiento de fármacos y reducir los costos. Los sistemas de IA pueden analizar millones de compuestos químicos en busca de aquellos que puedan tener efectos terapéuticos, permitiendo a los investigadores identificar posibles candidatos a fármacos de manera mucho más rápida.

Descubrimiento de Nuevas Moléculas

La IA permite diseñar nuevas moléculas que podrían utilizarse como base para futuros medicamentos. Este proceso, conocido como diseño de fármacos asistido por IA, utiliza algoritmos que predicen cómo interactúan ciertas moléculas con el cuerpo humano, permitiendo identificar aquellos compuestos que podrían ser más efectivos y seguros.

Optimización de Ensayos Clínicos

Los ensayos clínicos son una etapa crucial en el desarrollo de medicamentos, y la IA está ayudando a hacerlos más eficientes. Los algoritmos de IA pueden analizar datos de pacientes y predecir cuáles serán más propensos a responder a un tratamiento específico. Esto permite reducir el tiempo y los costos de los ensayos clínicos al seleccionar a los participantes más adecuados.

6.5 IA en la Investigación Médica y Descubrimiento de Conocimientos

Además de su uso en el diagnóstico y el desarrollo de tratamientos, la IA también está transformando la investigación médica. Los sistemas de IA pueden analizar grandes bases de datos de investigación, identificar patrones y sugerir hipótesis, acelerando el descubrimiento de nuevos conocimientos.

Investigación en Salud Pública

La IA permite analizar datos a gran escala sobre poblaciones enteras, lo que ayuda a los investigadores a entender mejor cómo se propagan las enfermedades y qué factores afectan la salud pública. Por ejemplo, durante la pandemia de COVID-19, la IA fue utilizada para analizar datos sobre la propagación del virus y ayudar a los gobiernos a tomar decisiones informadas sobre políticas de salud pública.

Identificación de Biomarcadores

Los biomarcadores son indicadores biológicos que permiten detectar o predecir una enfermedad. La IA ayuda a identificar biomarcadores en grandes bases de datos genéticos y clínicos, permitiendo a los investigadores descubrir nuevos factores de riesgo para diversas enfermedades.

6.6 Uso de IA en la Cirugía y Procedimientos Médicos

La IA está empezando a tener un impacto significativo en la cirugía y otros procedimientos médicos. Desde robots quirúrgicos hasta sistemas de navegación asistida, la IA está mejorando la precisión y seguridad de las intervenciones médicas.

Robots Quirúrgicos Asistidos por IA

Los robots quirúrgicos asistidos por IA, como el sistema Da Vinci, permiten a los cirujanos realizar operaciones con una precisión y control excepcionales. Estos sistemas utilizan algoritmos de visión artificial para guiar los instrumentos quirúrgicos, lo que reduce el riesgo de errores y mejora la recuperación del paciente.

Simulación de Procedimientos

La IA también se utiliza en la simulación de procedimientos médicos, lo que permite a los estudiantes de medicina y a los cirujanos practicar intervenciones complejas sin riesgos. Estas simulaciones se realizan en entornos virtuales y proporcionan retroalimentación en tiempo real, lo que mejora las habilidades y la preparación de los profesionales de la salud.

6.7 IA en el Cuidado Preventivo y Bienestar

La prevención es uno de los aspectos más importantes del cuidado de la salud, y la IA está ayudando a mejorar la capacidad de prevenir enfermedades. Al analizar datos de salud y patrones de comportamiento, la IA puede ayudar a identificar factores de riesgo y recomendar medidas preventivas para mejorar la salud y el bienestar.

Monitoreo de la Salud a Través de Wearables

Los dispositivos de monitoreo de salud, como relojes inteligentes y pulseras de actividad, utilizan IA para analizar datos de salud en tiempo real. Estos dispositivos pueden detectar cambios en los signos vitales y alertar a los usuarios sobre posibles problemas de salud antes de que se desarrollen síntomas graves.

Predicción de Enfermedades Crónicas

La IA permite predecir el riesgo de enfermedades crónicas, como la diabetes y las enfermedades cardíacas, basándose en factores como la genética, la dieta y el estilo de vida. Esto permite a los médicos recomendar cambios en el estilo de vida y tratamientos preventivos para reducir el riesgo de estas enfermedades.

6.8 Desafíos Éticos y Consideraciones en la IA Médica

Aunque la IA ofrece numerosos beneficios en la medicina, también plantea desafíos éticos y prácticos que deben abordarse. La privacidad de los datos, la equidad en el acceso y el papel de la IA en la toma de decisiones médicas son algunos de los temas críticos en este ámbito.

Privacidad de los Datos de Salud

La IA en medicina requiere grandes cantidades de datos, incluidos datos de salud personales, lo que plantea problemas de privacidad. Es fundamental que los sistemas de IA cumplan con las regulaciones de privacidad y que los pacientes sepan cómo se utilizan sus datos.

Transparencia en los Algoritmos Médicos

Los algoritmos de IA pueden ser complejos y difíciles de entender, lo que plantea problemas de transparencia. Es importante que los sistemas de IA sean comprensibles para los médicos y que las decisiones basadas en IA sean explicables y justificables.

Ejemplos de IA en la Medicina

1. **Watson de IBM en Oncología**: Watson de IBM ha sido utilizado en hospitales para ayudar a los médicos a identificar opciones de tratamiento personalizadas para el cáncer. Analiza el historial médico del paciente y compara los casos para recomendar terapias basadas en datos.

2. **IDx-DR para Retinopatía Diabética**: Este sistema de IA fue aprobado para detectar la retinopatía diabética en imágenes oculares sin la intervención de un especialista. Esto mejora el acceso al diagnóstico para personas con diabetes.
3. **DeepMind para Predecir Enfermedades Renales**: DeepMind desarrolló un modelo de IA capaz de predecir enfermedades renales agudas 48 horas antes de que se presenten los síntomas, permitiendo que los médicos intervengan de manera preventiva.
4. **Imagenología en el Diagnóstico del Cáncer de Mama**: Varias plataformas de IA han demostrado ser eficaces para detectar el cáncer de mama en mamografías, con una precisión igual o superior a la de radiólogos.

Conclusión

La inteligencia artificial está transformando la medicina, desde el diagnóstico hasta el desarrollo de medicamentos y el cuidado preventivo. A medida que la tecnología continúa avanzando, es fundamental abordar los desafíos éticos y asegurar que la IA se utilice de manera responsable y equitativa en beneficio de todos los pacientes.

Capítulo 7: La Inteligencia Artificial en la Industria y la Producción

7.1 Introducción al Uso de la IA en la Industria

La inteligencia artificial se ha convertido en una herramienta esencial para la industria y la producción, transformando la manera en que las empresas operan y mejorando la eficiencia, precisión y calidad de los procesos productivos. Desde la manufactura hasta la logística, la IA permite optimizar cada fase de la producción, logrando reducir los costos y aumentar la productividad.

En este capítulo, exploramos las diferentes aplicaciones de la IA en el ámbito industrial y analizaremos cómo esta tecnología está facilitando la transición hacia la llamada "Industria 4.0", caracterizada por la automatización y la interconexión de los procesos de fabricación.

7.2 Automatización y Robótica en la Producción

Uno de los principales usos de la IA en la industria es la automatización, especialmente mediante el uso de robots industriales que pueden realizar tareas repetitivas con alta precisión. Esta automatización permite a las empresas reducir costos y mejorar la consistencia de sus productos.

Robots Asistidos por IA

Los robots industriales han sido una constante en el sector manufacturero, pero la IA los ha dotado de capacidades avanzadas. Ahora, los robots pueden aprender y adaptarse a nuevas tareas, lo que aumenta su versatilidad. Por ejemplo, en líneas de ensamblaje, los robots con IA pueden reconocer y manipular piezas de diferentes tamaños y formas, ajustando su rendimiento para cada operación específica.

Automatización de Procesos de Control de Calidad

La IA también se está utilizando para mejorar el control de calidad. Los sistemas de visión artificial, que utilizan cámaras y algoritmos de aprendizaje profundo, pueden inspeccionar productos en tiempo real y detectar defectos o inconsistencias que podrían pasar desapercibidos para el ojo humano. Esto asegura que solo los productos de alta calidad lleguen al mercado, reduciendo la tasa de devoluciones y aumentando la satisfacción del cliente.

7.3 Optimización de la Cadena de Suministro con IA

La cadena de suministro es una parte crucial de la industria, y la IA está desempeñando un papel importante en su optimización. Los sistemas de IA permiten gestionar de manera eficiente los inventarios, predecir la demanda y reducir el tiempo de entrega, mejorando la satisfacción del cliente y reduciendo costos.

Predicción de Demanda

El análisis predictivo impulsado por IA permite anticipar la demanda de productos en función de datos históricos y patrones de comportamiento de los consumidores. Esto es especialmente útil en industrias como la alimentaria y la textil, donde las fluctuaciones en la demanda pueden generar problemas de inventario y pérdidas. Con la IA, las empresas pueden ajustar sus niveles de producción y evitar el exceso o la falta de stock.

Logística y Rutas de Transporte

La IA también se utiliza para optimizar las rutas de transporte, reduciendo el tiempo y los costos de entrega. Mediante el análisis de datos de tráfico, clima y disponibilidad de vehículos, los sistemas de IA pueden sugerir las rutas más eficientes y prever retrasos, mejorando la puntualidad y reduciendo el consumo de combustible.

7.4 Mantenimiento Predictivo y Reducción de Fallas

El mantenimiento predictivo es otra aplicación importante de la IA en la industria. En lugar de realizar un mantenimiento periódico o esperar a que ocurra una falla, los sistemas de IA pueden monitorear el estado de las máquinas en tiempo real y predecir cuándo es probable que necesiten reparación. Esto permite a las empresas minimizar el tiempo de inactividad y reducir los costos de mantenimiento.

Análisis de Datos en Tiempo Real

Los sensores en las máquinas recolectan datos en tiempo real, como temperatura, vibración y velocidad. Los algoritmos de IA analizan estos datos para identificar patrones que indican desgaste o posibles fallas. Cuando se detectan anomalías, el sistema alerta a los técnicos para que realicen el mantenimiento antes de que se produzca una falla.

Ahorro de Costos y Eficiencia

El mantenimiento predictivo no solo reduce las fallas inesperadas, sino que también ayuda a prolongar la vida útil de las máquinas, lo que reduce los costos a largo plazo. Esta metodología ha sido adoptada por empresas en industrias tan diversas como la automotriz, la energía y la manufactura pesada.

7.5 IA en el Diseño y la Planificación de la Producción

La IA está cambiando la forma en que se diseñan y planifican los productos y los procesos productivos. Desde la simulación hasta el diseño asistido, la IA permite a los ingenieros optimizar los productos antes de fabricarlos, reduciendo el tiempo y los costos de desarrollo.

Simulación y Modelado

Los sistemas de simulación basados en IA permiten a los ingenieros modelar productos y procesos en un entorno virtual antes de pasar a la producción real. Esto permite identificar problemas de diseño y ajustar los parámetros de producción sin necesidad de realizar costosos ensayos físicos.

Diseño Asistido por IA

La IA también se utiliza para el diseño asistido, facilitando la creación de productos que cumplen con especificaciones técnicas precisas. Mediante algoritmos de optimización, los sistemas de IA pueden sugerir cambios en el diseño para mejorar la durabilidad, reducir el peso o simplificar el proceso de fabricación.

7.6 Mejora de la Seguridad en el Entorno de Trabajo

La IA también está contribuyendo a mejorar la seguridad en las fábricas y plantas de producción. Los sistemas de IA pueden monitorear el entorno en tiempo real y detectar riesgos de seguridad, lo que permite a las empresas proteger a sus empleados y reducir el número de accidentes laborales.

Monitoreo de Riesgos en Tiempo Real

La IA permite implementar sistemas de monitoreo que alertan a los trabajadores y supervisores sobre riesgos potenciales. Por ejemplo, los sistemas de visión artificial pueden detectar si los empleados están usando equipo de protección adecuado o si están en áreas restringidas, generando alertas si se detecta un incumplimiento.

Detección de Fatiga y Comportamiento Anómalo

Los algoritmos de IA también se utilizan para analizar el comportamiento de los empleados y detectar signos de fatiga o distracción. En la industria del transporte y la construcción, por ejemplo, la IA puede alertar a los supervisores si un trabajador muestra señales de cansancio, lo que podría prevenir accidentes graves.

7.7 Desafíos y Consideraciones Éticas de la IA en la Industria

A pesar de los beneficios que ofrece la IA en la industria, su implementación no está exenta de desafíos y consideraciones éticas. La privacidad de los datos, la pérdida de empleos y la responsabilidad de las decisiones tomadas por IA son temas clave que deben abordarse.

Privacidad y Protección de Datos

El uso de IA en la industria requiere recopilar una gran cantidad de datos, lo que plantea preocupaciones sobre la privacidad. Es fundamental que las empresas establezcan políticas claras para proteger la información confidencial de los empleados y de los clientes.

Pérdida de Empleos y Automatización

La automatización impulsada por IA puede llevar a la pérdida de empleos en ciertos sectores, especialmente en trabajos repetitivos y de baja cualificación. Es importante que las empresas encuentren un equilibrio entre la eficiencia que ofrece la IA y la necesidad de proteger el empleo, invirtiendo en capacitación para que los empleados puedan adaptarse a nuevas funciones.

Responsabilidad en la Toma de Decisiones

A medida que la IA toma decisiones de manera autónoma, surge la pregunta de quién es responsable en caso de un error. Si un sistema de IA falla y causa daños, puede resultar difícil determinar si la responsabilidad recae en los desarrolladores, en la empresa que lo implementa o en los operadores.

Ejemplos de IA en la Industria y la Producción

1. **Bosch y el Mantenimiento Predictivo**: Bosch utiliza IA para el mantenimiento predictivo en sus fábricas. Los sistemas de IA monitorean el rendimiento de las máquinas en tiempo real, permitiendo identificar y reparar problemas antes de que afecten la producción.
2. **Tesla y los Robots de Producción**: Tesla emplea robots asistidos por IA en sus líneas de ensamblaje para mejorar la precisión y reducir el tiempo de fabricación. Estos robots pueden realizar tareas complejas y ajustarse a diferentes modelos de vehículos.
3. **General Electric y la Cadena de Suministro**: General Electric utiliza IA para optimizar su cadena de suministro, predecir la demanda y reducir los tiempos de entrega. Esto le permite responder rápidamente a las necesidades del mercado y mejorar la eficiencia operativa.
4. **Toyota y el Control de Calidad**: Toyota utiliza sistemas de visión artificial para inspeccionar cada vehículo en busca de defectos de fabricación. Esto

asegura que cada coche cumpla con los estándares de calidad de la marca antes de salir de la planta.

Conclusión

La inteligencia artificial está transformando el sector industrial y de producción, desde la automatización de tareas y el mantenimiento predictivo hasta la optimización de la cadena de suministro. A medida que esta tecnología continúa avanzando, es importante que las empresas adopten la IA de manera ética y responsable, maximizando sus beneficios mientras se abordan los desafíos y preocupaciones que plantea.

Capítulo 8: La Inteligencia Artificial en el Comercio y la Experiencia del Cliente

8.1 Introducción a la IA en el Comercio

La inteligencia artificial está revolucionando el comercio al permitir que las empresas ofrezcan experiencias más personalizadas, optimicen sus operaciones y comprendan mejor a sus clientes. Gracias a la IA, los minoristas y las empresas de comercio electrónico pueden anticiparse a las necesidades de sus clientes, gestionar sus inventarios de manera más eficiente y mejorar el servicio al cliente. Estos avances están redefiniendo el papel de la IA en la creación de experiencias de compra más satisfactorias.

Este capítulo explorará cómo la IA se está aplicando en el comercio, desde la personalización de la experiencia del cliente hasta la optimización de inventarios, la logística y la seguridad en las transacciones.

8.2 Personalización de la Experiencia del Cliente

Uno de los mayores beneficios de la IA en el comercio es la capacidad de personalizar la experiencia del cliente. Al analizar los datos de comportamiento de los usuarios, la IA puede recomendar productos, ofrecer promociones personalizadas y anticipar las necesidades de los consumidores, lo que aumenta las probabilidades de conversión y mejora la satisfacción del cliente.

Recomendaciones Personalizadas

Los algoritmos de recomendación son una de las aplicaciones de IA más utilizadas en el comercio electrónico. Empresas como Amazon y Netflix utilizan sistemas de IA que analizan el historial de compras o de visualización de los usuarios para sugerir productos o contenido relevante. Estas recomendaciones personalizadas aumentan el tiempo de interacción del usuario y la probabilidad de compra.

Marketing y Promociones Personalizadas

La IA permite a las empresas adaptar sus estrategias de marketing a cada cliente individual. Analizando el comportamiento y las preferencias de los consumidores, la IA puede enviar correos electrónicos personalizados, notificaciones push y anuncios específicos en redes sociales. Este enfoque aumenta la efectividad de las campañas de marketing y reduce los costos de adquisición de clientes.

8.3 IA en la Gestión de Inventarios

La gestión de inventarios es esencial para el éxito de cualquier negocio minorista. La IA permite optimizar esta gestión mediante la predicción de la demanda, el control de stock y la automatización de pedidos, lo que ayuda a evitar tanto la falta de productos como el exceso de inventario.

Predicción de la Demanda

Los sistemas de IA pueden analizar datos históricos, tendencias de mercado y factores externos como el clima y las festividades para predecir la demanda de productos. Esto permite a las empresas ajustar sus niveles de inventario y reducir el desperdicio. Por ejemplo, Walmart utiliza IA para predecir la demanda de productos durante eventos como el Black Friday, permitiendo una gestión eficiente del stock.

Control de Inventarios en Tiempo Real

La IA permite el seguimiento en tiempo real de los inventarios, alertando a las empresas cuando los niveles de stock están bajos y sugiriendo la reposición de productos. Esto ayuda a evitar la pérdida de ventas debido a la falta de stock y garantiza que los productos estén disponibles cuando los clientes los necesiten.

8.4 IA en la Atención al Cliente y Chatbots

La atención al cliente es fundamental en el comercio, y la IA está facilitando esta tarea a través del uso de chatbots y asistentes virtuales. Estos sistemas pueden responder a preguntas frecuentes, resolver problemas y guiar a los clientes en el proceso de compra, mejorando la experiencia del cliente y reduciendo la carga de trabajo de los agentes humanos.

Chatbots para Soporte al Cliente

Los chatbots impulsados por IA pueden responder a consultas básicas de los clientes en tiempo real, permitiendo una atención constante. Plataformas como Shopify y Zendesk utilizan chatbots para responder preguntas comunes y redirigir las consultas complejas a agentes humanos. Esto no solo mejora la eficiencia, sino que también aumenta la satisfacción del cliente al ofrecer una respuesta rápida.

Asistentes Virtuales para la Compra Guiada

Los asistentes virtuales ayudan a los clientes en su proceso de compra, proporcionando recomendaciones de productos y asistiendo en la navegación del sitio web. Estos sistemas pueden hacer preguntas específicas para entender mejor las necesidades del cliente y sugerir productos que se ajusten a sus preferencias, ofreciendo una experiencia personalizada.

8.5 IA en la Logística y Entrega de Productos

La logística es un componente crucial del comercio, especialmente en el comercio electrónico, donde los clientes esperan tiempos de entrega rápidos y precisos. La IA está ayudando a optimizar las operaciones logísticas mediante la planificación de rutas, la predicción de tiempos de entrega y la optimización de las cadenas de suministro.

Optimización de Rutas de Entrega

Los sistemas de IA pueden analizar datos de tráfico, condiciones climáticas y disponibilidad de vehículos para determinar las rutas más eficientes para la entrega de productos. Esto permite reducir los tiempos de entrega y el consumo de combustible, lo que se traduce en ahorros de costos para las empresas y una mejor experiencia para el cliente.

Predicción de Tiempos de Entrega

La IA permite predecir los tiempos de entrega con mayor precisión, lo que permite a las empresas informar a los clientes sobre cuándo pueden esperar recibir sus pedidos. Este nivel de transparencia mejora la satisfacción del cliente y reduce las consultas al servicio de atención al cliente.

8.6 Seguridad y Prevención de Fraude en el Comercio

Con el aumento de las transacciones en línea, la seguridad es una preocupación importante para los consumidores y las empresas. La IA ayuda a prevenir el fraude y a proteger los datos de los clientes mediante la detección de actividades sospechosas y el análisis de patrones de comportamiento en tiempo real.

Detección de Fraude en Tiempo Real

Los sistemas de IA pueden analizar millones de transacciones en busca de patrones inusuales que podrían indicar fraude. Esto incluye comportamientos como el uso de tarjetas de crédito en ubicaciones distantes en poco tiempo o intentos de múltiples pagos fallidos. Cuando se detectan estas señales, el sistema puede bloquear la transacción y alertar a los equipos de seguridad.

Autenticación Multifactorial y Biométrica

La IA también se utiliza para mejorar la autenticación de los usuarios mediante técnicas de reconocimiento facial, huellas dactilares y autenticación multifactorial. Esto ayuda a garantizar que solo el propietario de la cuenta tenga acceso a la misma y reduce el riesgo de fraude en las transacciones.

8.7 IA en la Mejora de la Experiencia en Tiendas Físicas

La inteligencia artificial no solo está transformando el comercio en línea, sino que también está mejorando la experiencia de compra en tiendas físicas. La IA permite ofrecer un servicio personalizado en las tiendas, analizar el comportamiento de los clientes y optimizar la disposición de los productos.

Personalización en Tiendas Físicas

Gracias a la IA, las tiendas físicas pueden ofrecer recomendaciones personalizadas a los clientes mediante aplicaciones móviles y pantallas interactivas. Por ejemplo, algunas tiendas utilizan sistemas de IA para analizar las preferencias de los clientes y sugerir productos que pueden ser de su interés cuando ingresan al establecimiento.

Análisis del Comportamiento del Cliente en Tienda

Los sistemas de cámaras con IA permiten analizar el comportamiento de los clientes dentro de la tienda, observando factores como las zonas más visitadas y los productos que despiertan mayor interés. Estos datos pueden ayudar a las empresas a optimizar la disposición de los productos y mejorar la experiencia de compra en tienda.

Ejemplos de IA en el Comercio y la Experiencia del Cliente

1. **Amazon y Recomendaciones Personalizadas**: Amazon utiliza IA para analizar el historial de compras de los clientes y recomendar productos relevantes. Esta personalización ha sido clave para mejorar la experiencia de compra y aumentar las ventas.
2. **Zara y la Predicción de Demanda**: La marca de moda Zara utiliza IA para analizar datos de ventas y predecir las tendencias futuras, permitiéndole ajustar su inventario en tiempo real y responder rápidamente a la demanda de los clientes.
3. **Alibaba y la Optimización Logística**: Alibaba emplea IA para optimizar su logística en las ventas en línea, utilizando algoritmos para calcular rutas de entrega y reducir los tiempos de espera de los clientes.
4. **Sephora y los Asistentes Virtuales**: Sephora utiliza un asistente virtual impulsado por IA para ayudar a los clientes a encontrar productos de maquillaje adecuados para su tipo de piel y preferencias personales, mejorando la experiencia de compra en línea.

Conclusión

La inteligencia artificial está revolucionando el comercio y la experiencia del cliente en múltiples niveles, desde la personalización de las recomendaciones y el servicio al cliente hasta la optimización de inventarios y la seguridad en las transacciones. Al adaptar las experiencias de compra a las necesidades individuales y al optimizar la cadena de suministro, la IA permite a las empresas de comercio mejorar su competitividad y satisfacer las expectativas de los consumidores.

En un entorno cada vez más digital, la adopción de IA en el comercio se ha vuelto esencial para mantenerse al día con las demandas del mercado. Sin embargo, es importante que las empresas aborden los desafíos éticos y de privacidad asociados con el uso de IA, asegurándose de que esta tecnología se utilice de manera transparente y respetando los derechos de los consumidores.

La integración de la IA en el comercio y la experiencia del cliente es solo el comienzo. A medida que esta tecnología evolucione, veremos aún más innovaciones que transformarán la manera en que compramos e interactuamos con las marcas, creando experiencias de compra más fluidas, personalizadas y seguras.

Capítulo 9: La Inteligencia Artificial en la Agricultura y la Alimentación

9.1 Introducción al Uso de la IA en la Agricultura

La agricultura es uno de los sectores fundamentales para la humanidad, y la inteligencia artificial está comenzando a revolucionarlo. Con el aumento de la población mundial y los desafíos relacionados con el cambio climático, la necesidad de mejorar la eficiencia y la sostenibilidad en la producción de alimentos es más urgente que nunca. La IA está ayudando a los agricultores a gestionar mejor los cultivos, optimizar el uso de recursos y mejorar la sostenibilidad de la agricultura.

En este capítulo, explicaremos cómo se está aplicando la IA en la agricultura y la industria alimentaria, cubriendo temas como la gestión de cultivos, la predicción del rendimiento y el monitoreo de enfermedades.

9.2 IA en la Gestión de Cultivos y el Monitoreo del Suelo

La gestión eficiente de los cultivos y el monitoreo del suelo son esenciales para maximizar la producción agrícola y reducir el desperdicio. La IA permite a los agricultores recopilar y analizar datos sobre la salud del suelo, el clima y el crecimiento de los cultivos, lo que les ayuda a tomar decisiones informadas.

Sensores y Análisis de Datos del Suelo

Los sensores inteligentes instalados en los campos recolectan datos sobre la humedad, el pH, los nutrientes y otros factores importantes del suelo. Estos datos se transmiten a sistemas de IA que analizan la información y proporcionan recomendaciones sobre la cantidad óptima de agua y fertilizantes necesarios para cada cultivo.

Optimización del Uso de Fertilizantes y Agua

El uso de fertilizantes y agua es fundamental en la agricultura, pero su aplicación excesiva puede causar problemas ambientales y aumentar los costos. La IA permite optimizar la cantidad y el momento de aplicación de estos recursos, evitando el desperdicio y mejorando la salud del suelo. Por ejemplo, los algoritmos de IA pueden analizar datos históricos y actuales sobre las condiciones del suelo y el clima para recomendar dosis de fertilizante específicas para cada zona del campo.

9.3 IA en la Detección de Enfermedades y Plagas

Las enfermedades y las plagas son una de las principales amenazas para la agricultura, y la IA está ayudando a los agricultores a detectarlas a tiempo y tomar medidas preventivas. Al identificar signos tempranos de enfermedades, los sistemas de IA permiten minimizar el daño a los cultivos y reducir el uso de pesticidas.

Análisis de Imágenes para la Detección de Enfermedades

La IA permite analizar imágenes de las plantas para detectar signos de enfermedades o infestaciones de plagas. Utilizando drones equipados con cámaras y algoritmos de visión artificial, los sistemas de IA pueden identificar patrones inusuales en las hojas y otras partes de las plantas. Esta detección temprana permite a los agricultores intervenir de inmediato y proteger sus cultivos de manera más efectiva.

Control de Plagas Basado en IA

Además de detectar enfermedades, la IA también puede ayudar a controlar las plagas al analizar datos sobre las condiciones ambientales y predecir brotes de plagas. Esto permite a los agricultores aplicar pesticidas solo cuando es necesario, reduciendo el impacto ambiental y los costos asociados.

9.4 Predicción de Rendimiento y Planificación de la Cosecha

La capacidad de predecir el rendimiento de los cultivos es fundamental para planificar la cosecha y asegurar un suministro estable de alimentos. Los sistemas de IA pueden analizar factores como el clima, el tipo de suelo y los datos históricos para predecir el rendimiento de los cultivos y ayudar a los agricultores a planificar su producción.

Modelos de Predicción de IA

Los modelos predictivos de IA pueden analizar grandes volúmenes de datos de diferentes fuentes y predecir el rendimiento de los cultivos con una precisión notable. Esto permite a los agricultores tomar decisiones estratégicas sobre qué cultivos plantar, cuándo hacerlo y cómo maximizar la producción.

Planificación de la Cosecha Basada en IA

Además de predecir el rendimiento, la IA también puede ayudar a planificar el momento óptimo para la cosecha. Analizando factores como la madurez de los cultivos y las condiciones meteorológicas, los sistemas de IA pueden recomendar el momento ideal para cosechar, asegurando que los productos lleguen al mercado en su mejor momento y reduciendo el desperdicio.

9.5 Automatización en la Agricultura

La automatización es una tendencia creciente en la agricultura, y la IA está permitiendo el desarrollo de maquinaria agrícola autónoma que puede realizar tareas como la siembra, el riego y la cosecha de manera precisa y eficiente.

Tractores Autónomos y Robots de Cosecha

Los tractores autónomos y los robots de cosecha son un ejemplo de cómo la IA está transformando la agricultura. Estos vehículos están equipados con sistemas de IA que les permiten navegar por el campo, sembrar semillas y cosechar cultivos de manera autónoma. Esto no solo reduce la necesidad de mano de obra, sino que también mejora la eficiencia y reduce los costos.

Drones para el Monitoreo de Cultivos

Los drones equipados con cámaras y sensores son otra herramienta impulsada por IA que está mejorando la agricultura. Estos drones pueden volar sobre los campos y capturar imágenes detalladas que se analizan en tiempo real para evaluar la salud de los cultivos, detectar problemas y monitorear el crecimiento. Esta tecnología permite a los agricultores tener una visión completa de sus campos y tomar decisiones basadas en datos precisos.

9.6 IA en la Sostenibilidad y la Agricultura de Precisión

La sostenibilidad es un tema clave en la agricultura moderna, y la IA está ayudando a reducir el impacto ambiental de la producción agrícola mediante prácticas de agricultura de precisión. Esta tecnología permite aplicar insumos agrícolas de manera específica, minimizando el uso de recursos y reduciendo el impacto ambiental.

Agricultura de Precisión

La agricultura de precisión es un enfoque que utiliza la IA para aplicar agua, fertilizantes y pesticidas solo donde y cuando son necesarios. Esto no solo reduce el impacto ambiental, sino que también mejora la eficiencia y permite a los agricultores producir más con menos recursos. La IA ayuda a monitorear las condiciones específicas de cada área del campo y a adaptar las intervenciones de acuerdo con las necesidades de cada zona.

Reducción de Emisiones y Consumo de Agua

La IA permite optimizar el uso del agua y reducir las emisiones de gases de efecto invernadero en la agricultura. Al controlar la cantidad exacta de agua que cada planta necesita, los sistemas de riego impulsados por IA reducen el consumo de agua y minimizan la escorrentía de fertilizantes hacia los cuerpos de agua. Esto contribuye a una agricultura más sostenible y respetuosa con el medio ambiente.

Ejemplos de IA en la Agricultura y la Alimentación

1. **John Deere y Tractores Autónomos**: John Deere ha desarrollado tractores autónomos equipados con IA que pueden realizar tareas de siembra y cosecha de manera autónoma. Estos tractores utilizan sensores y sistemas de visión artificial para navegar por los campos y optimizar las tareas agrícolas.
2. **Blue River Tecnología para el Control de Malezas**: Blue River Tecnología, una subsidiaria de John Deere, utiliza IA para identificar y eliminar malezas en el campo. Su sistema See & Spray permite aplicar herbicidas solo donde es necesario, lo que reduce el uso de productos químicos y minimiza el impacto ambiental.
3. **Plantas para la Detección de Enfermedades**: Plantas es una aplicación de IA que permite a los agricultores tomar fotos de sus plantas para detectar enfermedades y obtener recomendaciones de

tratamiento. Utiliza algoritmos de visión artificial para analizar las imágenes y diagnosticar problemas en los cultivos.
4. **Agrobot para la Cosecha de Fresas**: Agrobot ha desarrollado robots de cosecha que utilizan IA para identificar y recoger fresas maduras. Estos robots están diseñados para operar en entornos de cultivo y reducir la dependencia de mano de obra en la cosecha de frutas.

Conclusión

La inteligencia artificial está transformando la agricultura y la industria alimentaria de manera profunda. Desde la gestión de cultivos hasta la detección de enfermedades y la optimización del uso de recursos, la IA está ayudando a los agricultores a mejorar la eficiencia, reducir los costos y adoptar prácticas más sostenibles. A medida que el cambio climático y la escasez de recursos se convierten en problemas cada vez más urgentes, la IA ofrece una solución prometedora para enfrentar estos desafíos y garantizar un suministro de alimentos seguro y sostenible para la población mundial en crecimiento.

La adopción de la IA en la agricultura también plantea desafíos, como la inversión en tecnología y la capacitación de los agricultores para utilizar estas herramientas de manera efectiva. Sin embargo, el potencial de esta tecnología para mejorar la productividad y reducir el impacto ambiental hace que la IA sea una inversión valiosa para el futuro de la agricultura.

A medida que continuamos explorando nuevas formas de aplicar la IA en la agricultura y la alimentación, es fundamental que las empresas y los gobiernos trabajen juntos para asegurar que esta tecnología se implemente de manera responsable y equitativa. La IA tiene el potencial de revolucionar el sector agrícola y de ayudar a construir un sistema alimentario más sostenible y resiliente para las generaciones futuras.

Gracias por sumergirte en el mundo de la Inteligencia Artificial.

Espero que este viaje por el fascinante y complejo universo de la IA haya sido tan revelador como inspirador. Estamos viviendo un momento de transformación sin precedentes, y comprender el impacto y las posibilidades de esta tecnología es clave para navegar hacia el futuro con éxito.

Si deseas seguir profundizando en temas de inteligencia artificial y explorar cómo esta tecnología puede aplicarse en diversos ámbitos, te invito a visitar **A WorldSolutions.com**. Allí encontrarás recursos, artículos y cursos que te permitirán expandir aún más tu conocimiento en IA y en sus aplicaciones prácticas.

Gracias de nuevo por acompañarme en este viaje hacia el futuro.

Louis Salvatore
Autor y entusiasta de la Inteligencia Artificial.

www.ingramcontent.com/pod-product-compliance
Lightning Source LLC
Chambersburg PA
CBHW070425240526
45472CB00020B/1336